中国学生成长速读书
故事中的
道理全集
智商卷
总策划／邢涛　主编／龚勋
汕頭大學出版社

小/故/事/中/的/大/道/理/全/集

THE TRUTHS OUT OF SMALL STORIES

FOREWORD
前言

故事是青少年认识世界的一扇窗口，是必不可少的精神食粮。为了帮助青少年开阔视野，在各种各样的小故事中领悟人生的大道理，我们精心编撰了这套《小故事中的大道理全集》。

全书共分“智商卷”和“情商卷”两卷：“智商卷”分为“小意外中的大发明”、“小侦探中的大科学”和“小游戏中的大学问”三个篇章，通过讲述随处可见的小意外、神秘离奇的小案件和简单有趣的小游戏，激发青少年进行科学探索的热情，引导他们去探索科学世界的奥秘；“情商卷”分为“小故事中的大道理”、“小童话中的大启迪”和“小成语中的大智慧”三个篇章，讲述了童话、寓言、传说、成语故事和生活中的小故事，深入浅出地剖析了故事中蕴含的人生智慧。

本书选取的故事主题明确，情节生动有趣，叙述浅出易懂，语言质朴而活泼，非常适于青少年阅读。故事所配的插图会将故事演绎得更加生动，每个故事后面设置的小板块更起到画龙点睛的作用，能引导青少年读者进行思考、深化认识，使他们在轻松的阅读中获得丰富的知识养料，茁壮成长。

目录

Part1 Great Invention out of Small Accidents
第一章 小意外中的大发明

CONTENTS

目录

Part2 Great Science out of Small Investigations
第二章 小侦探中的大科学

CONTENTS

WELCO
ICECREAM
ANS
JANS
Coca Cola

Part 1

第一章 小意外中的大发明

Great Invention out of Small Accidents

生活中总会发生许许多多的小意外。有时，意外会给我们带来一些损失，所以我们都不欢迎它们的发生。不过，有时意外也是一种收获呢！我们生活中的许多美味食品、好玩的玩具、生活用品和医疗用品等都是在小小的意外中发明或发现的。比如，食物变质了还能酿成酒，睡觉也能睡出大面包，我们爱喝的可口可乐原来是由头痛药变来的，洗手水竟然成了流行饮料，神奇的魔方是由几个小木块简单拼凑变来的，望远镜是淘气的孩子们玩镜片时意外制成的……

人造丝像蚕丝一样，能用来做衣服。蚕丝是蚕吐出来的，那么人造丝是怎么来的呢？

01.暗房中产生的人造丝

今天，人造丝在我们的生活中随处可见，我们身上的衣服、桌椅的坐垫，甚至是汽车轮胎的制作原料中都可能含有人造丝。可是，在19世纪以前，制造“人造丝”还只是存在于科学家头脑中的一种美好设想。

1664年，英国皇家学会物理学家胡克博士在《显微绘图》一书中谈到发明创造的灵感时说：“也许能找到某种方法来制造一种黏性物质，然后把它通过网筛拉出来，变成蚕丝一样很细的丝，这种丝也许比蚕丝的性能更好。”一些极具创新思想的科学家由此受到启发，开始尝试制造人造丝。

真正制造出人类历史上最早的人造丝的是瑞士的化学家安德曼。他于1855年在实验中发现可以用硝酸来处理桑叶。桑叶被硝酸浸泡以后可以变成黏性液体，这种黏液通过小孔挤压出来后就成了一根根连绵不断的细丝。可是，这种人造丝太脆弱了，根本不能用于实际的工业生产。

后来，德国化学家舍拜因发现了硝化纤维。于是，科学家们又开始尝试如何在工业上利用硝化纤维制造人造丝，但是一直没有取得成功。直到有一天，一个小小的意外发生了……

1878年的一天，法国化学家夏尔多独自在暗房中冲洗感光板时，不小心把一瓶柯罗定碰洒了。柯罗定是一种由乙醚和酒精混合而成的硝化纤维溶液。由于夏尔多当时忙着冲洗照片，所以没有立即进行清理。

当他终于有时间来清理污渍时，却突然发现，桌面上的一部分溶液已经蒸发掉了，而且留下了一层厚厚的东西。夏尔多拿起抹布，想把“脏东西”擦掉，却又发现“脏东西”黏黏的，将抹布粘住了。当他把抹布提

夏尔多在暗房中冲洗照片时，不小心碰洒了柯罗定。

夏尔多研制的人造纤维产品在巴黎博览会上引起了轰动。

起来时，“脏东西”随即被拉成了一束束细长的纤维。夏尔多感到万分诧异，紧紧盯住这些纤维。他发现，这些纤维与他曾经接触过的蚕丝非常相似，纤细而且闪着亮光。突然，他脑中灵光一闪，也许这些纤维能代替蚕丝应用于工业生产，如果是这样的话，这可是一个重大发现。

原来，夏尔多也一直致力于研制人造丝，但是一直没有取得进展。没想到，这次小小的意外却给他带来了重大的启发。从此，他开始潜心研究如何利用柯罗定制造能用于工业生产的人造丝。这一研究就经过了6年，直到他成功研制出适于工业生产的人造丝，并取得了法国科学学院的保护（类似专利权的保护）。然后，夏尔多又着力研究如何将他研制的人造丝制成纺织产品。

1889年，夏尔多在巴黎博览会上展示了他研制的人造纤维产品，立即引起了轰动。目睹者都想试穿人造丝制作的衣服，尤其是女性，追求时尚的法国贵族对于夏尔多发明的新产品也跃跃欲试。从此，人造丝开始广泛应用于工业生产。

夏尔多从一个小小的意外中获得重大的启发，从而在人造丝的研究上取得了巨大的成功。

对于人造丝的发明，一位知名的科学家戏言：“人类终于进化成虫，可以自己吐丝织衣了。”可是，又有多少人知道，人类可以“吐”丝织衣是得益于一次小小的意外呢？

小意外大发明 | Xiao Yi Wai Da Fa Ming

夏尔多发现那些黏糊糊的东西形成的一束束纤维，非常像他接触过的蚕丝，从而才想到了把它作为丝来使用。夏尔多的这种思维称为“联想思维”，联想不是胡思乱想，而是把一些类似的事物联系起来进行分析。如果一个人见多识广而且勤于动脑，他的联想思维就会比较发达。

亲爱的朋友，你知道珍妮纺织机吗？它的发明过程中有一段把“1”变“8”的故事呢……

02.把1变8的珍妮纺织机

珍妮纺织机是18世纪的一项重大发明，它对于纺织业的发展乃至世界工业革命的进步都具有重大的推动作用。

18世纪，英国的棉纺织业一直飞速发展。各大工场自从采用约翰·凯伊发明的飞梭织布之后，纺纱的速度已经远远赶不上织布的速度了，因此，人们一直致力于新的纺织机的研制。

1761年，英国皇家艺术学会曾专门悬赏鼓励人们发明新型纺织机。尽管如此，新的纺织机的研制工作仍进展不大，直到1764年，英国人哈格里夫斯在一次意外中受到启发而发明了珍妮纺织机。

哈格里夫斯原本只是英国乡村一个普通的纺织工人。不过，他多才多艺，既能自己织布，又会做木工活儿。他的妻子珍妮是一个善良勤劳的人，她起早贪黑，终日不停地摇着纺车，可最后纺出的纱却不多。因为那时候人类还没有发明机器，纺纱机完全由人工操控，而且每台纺纱机上只有一个横着的

哈格里夫斯看到妻子起早贪黑地在纺织机旁工作，非常心疼。

哈格里夫斯不小心碰翻了纺织机，发现纺锤仍然能够直立起来，并且不停地转动，从而受到启发，研制出了珍妮纺织机，大大提高了纺纱的速度。

纺锤。所以，尽管珍妮拼命地干活，但产量仍然很低。

哈格里夫斯每次看到妻子既紧张又劳累的样子，就会很心疼，他总想把这台笨拙的纺织机改进一下，提高纺纱的速度。这样，珍妮就不必那么辛苦地劳作了。可是，尽管他动了许多脑筋，做过许多试验，但是都没有取得大的进展。

一天，他在家里打扫卫生时，一不小心把那台纺织机给碰翻了。哎呀！糟糕！我怎么这么不小心啊，要是摔坏了，珍妮就没法干活了，她心里该多难受呀。哈格里夫斯不停地抱怨自己，想去把纺织机扶起来，但眼前的情景却令他呆住了。

他看到，那原本平放着的纺锤竟然直立起来，而且还在不停地转动。这个情景触动了他，使他联想到纺织机的改进问题。他想，既然纺锤直立时也能转动，如果并排多安装几个直立的纺锤，不就可以同时纺出好几根纱了吗？这样纺纱的速度一定会大大加快的。

想到这里，哈格里夫斯已经迫不及待地要着手试验了。

哈格里夫斯经过反复试验，从1个到8个，不断增加纺锤的数量，最终在1765年设计并制成了装有8个纺锤的新式纺织机。这项发明投入使用后，极大地提高了纺织机的工作效率。纺织工人不仅不再那么劳累，而且每天的纺纱量变成了以前的八倍。

很快，这项发明在纺织业推广起来。哈格里夫斯为了纪念这次意外的收获，以妻子的名字给它取名为“珍妮纺织机”。不久，珍妮纺织机又得到改进，纺锤数从8个增加到18个、30个、100个，纺纱速度逐步提升，纺纱量也提高了十几倍到近百倍。

伟大的思想家恩格斯把这项发明称为“使英国工人的状况发生根本变化的第一个发明”，还有人把珍妮纺织机的发明与蒸汽机的发明并列为引起世界工业革命的两大发明。

小意外大发明 | Xiao Yi Wai Da Fa Ming

哈格里夫斯无意中发现纺锤可以直立转动这个现象，从而一举打破常规，发明出了“珍妮纺织机”。“珍妮纺织机”不是凭空变出来的，而是在旧纺织机的基础上加以改进得来的。从“1”到“8”，差别竟如此之大。想想看，我们身边的生活是不是还有很多需要改进的地方呢？

酒的历史源远流长，关于酒的发明众说纷纭，其中杜康造酒是大多数人都认同的说法。

03.变质食物酿出的酒

很久以前，中国的先民就已经发现谷物在闷热多雨的天气里容易受潮、受热，之后这些谷物会发霉，发霉的谷物经水浸泡以后，过一段时间，就会自然发酵成为酒。人们在品尝后，认为酒的味道很好，于是开始有目的地用谷物来酿酒了。可谁是谷物酿酒的第一人呢？民间一直流传着杜康酿酒的说法。

传说杜康是周朝人。他的父亲是周宣王的大臣，为人忠厚。有一天，周宣王听信奸臣的谗言，要斩杀杜康全家。奉命前往杜家执刑的官员是杜康父亲的好朋友。他在出发前早已派人前往杜家通风报信。当他赶到杜家时，只抓到了杜康的父亲，而杜康和他的母亲早已逃走了。年少的杜康被母亲带着四处逃命，一路逃到汾阳才安顿下来。从此，母子二人在汾阳安家落户，相依为命。杜康每天出去帮有钱人家放羊，他的母亲则在家

杜康在树下吃饭时，闻到背后传来了一种特别的味道，于是转过头去看。

里帮邻居做针线活儿，勉强维持生计。杜康在放羊时发现了一片幽静的桑树林，他喜欢那里，所以常常到桑树林里吃午饭，想心事。每到吃饭时，他就会想起以前一家人围坐在饭桌旁快乐地吃饭、聊天的情景。可如今家也破败了，父亲也不在人世了。每次想到这里，杜康都伤心地难以继续进食，便把剩下的干粮扔到桑树洞里。

杜康把剩饭放进桑树洞，希望再酿出一点酒来。

日子一天天地过去，杜康渐渐体会到了生活的艰辛，也不再回忆过去的优裕生活了，而是积极地面对眼前的生活，帮助母亲分担生活的重担。邻里乡亲可怜杜康母子，所以常常送柴送粮，接济他们。

有一天中午，杜康把羊赶到一边，又一个人来到桑树林吃午饭。他慢慢地吃，细细地咀嚼，不浪费一点粮食，因为那里面不仅饱含着母亲和自己勤劳的汗水，还带着邻里乡亲的深情厚谊。吃着吃着，他忽然闻到一股很特别的气味。这是什么味道啊？好像很香。我以前从来没有闻过这种香味。于是，他循着香味来到桑树洞旁。他进洞一看，原来香味是从他以前倒在里面的剩饭里发出来的。这些剩饭已经变质了，其中一部分都已经化成“水”了。杜康用碗舀了一些“水”喝，发现这种“水”味道香甜，还带点辛辣味，使人神清气爽。“太奇妙了！没想到，粮食还能变成这种‘水’啊。也许我可以造出这种‘水’，再拿出去卖，没准儿能赚到一些钱。这样，母亲和我的生计就有保障了。”

杜康激动万分，顾不得那些吃草的羊了，直接奔回家里，把自己的大发现和想法讲给母亲听。母亲虽然心里并不完全相信这一切，但是为了使儿子高兴，还是帮助儿子造出了一大罐“水”，然后拿出去卖。结果，这种“水”的香味吸引了许多邻里乡亲。有些人壮着胆子喝了一点，感觉味道不错，于是向其他人推荐。很快，杜康造出的“水”销售一空。此后，杜康又改进了造“水”的方法。后来，这种“水”被称作“酒”，杜康被誉为酒祖。杜康酒世代相传，被誉为酒中圣品。

小意外大发明 | Xiao Yi Wai Da Fa Ming

虽然杜康造酒的传说真假难辨，但是其中的道理却引人深思。食物变质本是一种常见的事情，在我们的生活中常常发生，也许我们都不曾留意过，也不曾想过食物变质后还能造出酒。可见，细心注意周围事物的变化并积极地动脑去思考、动手去实践，就可能会有意外的收获。

口香糖是一种常见的糖果，能够帮助我们清新口气，那么你知道它是怎么发明出来的吗?

04.不甘心失败创出口香糖

早期的口香糖是用人心果树分泌的胶质加糖和香料制成的，只能咀嚼，不能吞下。口香糖最初是用作缓解精神焦虑、锻炼面部肌肉的佳品而被引入文明社会的。后来，它又用作清新口气的佳品，很快风靡世界各地。人们在咀嚼口香糖的时候可能不会想到，小小的口香糖也有一段坎坷的历史。这一切要从19世纪一位名叫桑塔 · 安纳的墨西哥将军说起。

1836年，桑塔 · 安纳在贾森托战役中被俘，后来被美国山姆 · 豪斯顿将军释放回国。回到家乡后，桑塔 · 安纳想做生意，赚钱养家。不久，他在墨西哥丛林里探险时发现了一棵人心果树，这种树能分泌出类似橡胶的树胶。当地印第安人经常把这种树的树胶放在口中咀嚼。他认为，如果把这种树胶制成橡胶卖到美国去，一定会赚大钱。但是，他自己没有本钱。于是，他带着晒干了的人心果树树胶到了美国纽约，寻找投资人。他找到美国商人亚当斯，并说服了亚当斯和自己一起做这种树胶生意。

于是，亚当斯和桑塔 · 安纳把一大批

亚当斯无意间注意到一家药店正在出售树脂做的石蜡。

亚当斯制作的口香糖一上市，就受到了人们的热烈欢迎。

人心果树树胶运到了美国。但是他们反反复复进行了许多次实验，却始终不能把这种树胶制成橡胶。当时，桑塔·安纳已经负债累累，眼见前途无望，就撇下亚当斯自己逃跑了。亚当斯非常气愤，但并没有灰心，他想，这批树胶虽然不能制成橡胶，但说不定还有别的用途。

一天，亚当斯在大街上散步时，注意到一个小药店卖给一个小女孩一块石蜡。小女孩付完钱后，把石蜡放在口中，悠闲地咀嚼着。原来，这种石蜡是由人心果树树胶做成的，非常受欢迎，很多人常常把它放在嘴里咀嚼来打发时间。亚当斯突然想起桑塔·安纳也曾咀嚼过这种树胶。想到这里，亚当斯灵机一动，欣喜若狂，急忙跑回家里。他动员儿子，一起把剩余的人心果树树胶全部放在热水中，并加入糖和香料，将它们搅拌成黏稠状。然后，他们又费力地把这些黏稠的东西揉捏成一个个小圆球，再包上五颜六色的花纸，拿到街上去卖。没想到，这种东西大受欢迎，很快销售一空。亚当斯随即又购买了一批树胶，开工厂，进行大批量生产。亚当斯的口香糖没有任何怪味，被人们称作“亚当斯的纽约口香糖”。

亚当斯发明的口香糖获得极大成功后，他又尝试在口香糖中加入某种香料，首先试验加入的是黄樟油和甘草。他把带有甘草味的口香糖称为“黑杰克”，这种口香糖是目前市场上最老的一种带味口香糖。自此之后，口香糖生产蓬勃发展，嚼口香糖的人越来越多。1875年，美国人约翰·科尔甘在口香糖中加入芳香剂，使口香糖又增加了大批爱好者。直到1880年，有人在口香糖里加进薄荷，芳香型口香糖的生产才从顶峰上落下来。口香糖不仅是人们喜爱的休闲食品，也逐渐成为人们用来清洁口腔、清新口气的佳品。后来由于人心果树树胶供应不足，人们才开始用合成树脂取代人心果树树胶制作新一代的口香糖。

小意外大发明 | Xiao Yi Wai Da Fa Ming

亚当斯犯了一个轻率的错误，他应该先做实验，如果树胶能制成橡胶，再做这门生意就会很稳妥了。可是，人在缺乏经验的时候，难免会犯错误。幸运的是，亚当斯并没有因为犯错而灰心，而是努力寻找挽救的办法，并由此发明了口香糖。所以，当我们犯了错误的时候，不能灰心，换一个角度想一想，就会有收获。

普通的玻璃是一种质地坚硬而脆的透明物体，容易破碎，但也有一种玻璃却不会轻易破碎……

05.不易破碎的安全玻璃

维内帝克在清理实验用品时，不小心碰掉了一支玻璃试管。

考古学家曾经在埃及的古墓中发现了一颗玻璃珠。据考证，这颗玻璃珠已有5500年的历史，是古埃及人玻璃制造技术的见证。对于玻璃确切的出现时间以及玻璃是怎样发明的，科学界始终没有定论。不过，人们并不热心于探究答案，而是着力于提高玻璃制作工艺，制作出性能优越的玻璃制品。

古代的玻璃是不透明的，而现代的玻璃既可以是清澈透明的，又可以制成各种形状，重要的是不容易破碎。如今，我们乘坐的汽车上采用的都是安全玻璃，它在遇到剧烈振动或撞击时，仍不易破碎，即使破碎，也不会对我们造成严重的伤害。

要问这种安全玻璃是怎么被研制出来的，这里面还有一个有趣的小故事呢！

维内帝克是法国的一位化学家，他一向以治学严谨、目光敏锐闻名。1903年的一天，维内帝克还是像往常一样，做完实验，清理实验药品架。他一手拿抹布擦着桌子，一手挪动着药瓶。

忽然，一不小心，“啪”的一声，他把一支玻璃试管碰到地板上了。糟糕！忙中出乱了！维内帝克原以为玻璃试管一定会摔成碎片，四散在地板上。结果，他却没有看到玻璃碎片。

这是怎么回事？维内帝克满脸疑问地俯身拾起了试管，仔细察看。奇怪的是，试管上布满了裂痕，但却没有一片碎片，它们就像被某种东西粘住了一样，仍旧连在一起。维内帝克反复调转角度查看试管内外，最后发现试管内壁上有一层薄薄的若有若无的膜。他想把薄膜撕下来，结果薄膜牢牢地粘在试管内壁，怎么都弄不下来。这层薄膜是从什么地方来的呢？他冥思苦想，开始回忆自己曾经用这只试管装过什么东西。

突然，他眼睛一亮，大喊道：“是硝酸纤维溶液。”也许是硝酸纤维溶液挥发后留下了薄膜。他一边猜测，一边找来另一支试管做试验。结果，硝酸纤维溶液挥发后，真的在试管内壁上留下了一层薄膜。随后，维内帝克把实验结果记录了下来。

不久，维内帝克在翻看报纸时注意到一则新闻：一个司机因为交通事故而被车窗玻璃碎片严重割伤，最后因失血过多而死亡。看完这则新闻，维内帝克马上想到了自己前段时间的试验成果，他想，找出那个试管不会碎成片的原因，也许可以制造出更安全的汽车玻璃。于是，他迅速找来两块玻璃，并在两块玻璃之间涂上了一层透明的硝酸纤维薄膜，再把它们粘在一起，进行摔打试验。不出所料，这种经过粘合处理的玻璃只出现裂痕，却不会出现碎片四处飞溅的情况。于是，最早的安全玻璃就这样诞生了。

维内帝克向汽车制造商推荐自己发明的安全玻璃，但是汽车制造商考虑到使用安全玻璃会增加汽车的成本，因此对于这项发明不太感兴趣。直到第一次世界大战爆发，一个制造商首次使用维内帝克发明的安全玻璃制作了防毒面具，结果大大增强了防毒面具的耐用性。这以后，汽车制造商才开始采用安全玻璃来制作挡风玻璃。自此，安全玻璃广泛应用于汽车制造业，并且不断改进性能，还被应用到了其他领域。

维内帝克在两块玻璃中间涂上了一层硝酸纤维溶液，制作出了最原始的安全玻璃。

小意外大发明 | Xiao Yi Wai Da Fa Ming

试管掉在地上却没有玻璃碎片飞出。目光敏锐的维内帝克注意到了这个意外现象并认真分析研究，从而发明了安全玻璃。所以，当你发现了特殊现象的时候，不妨认真想一想、研究研究，也许我们能从中得到有益的启发，说不定也能制造出一项对人类有益的大发明呢。

橡胶是一种弹性很强的物质，许多日常生活用品中都含有橡胶，比如雨靴、轮胎……

06.不受季节影响的橡胶

橡胶是一种高分子化合物，它不仅弹性好，而且绝缘性佳，防水性强，不透气。橡胶工业发展到现在，橡胶制品已经广泛应用在工业和日常生活的方方面面了。如果要问橡胶是怎么发明的，那就要追溯到几个世纪以前甚至更久远的时期。古老的象形文字曾描述过一个人拍橡皮球玩，而哥伦布第二次到达新大陆时也曾见过一个小孩玩皮球，那些皮球就是由树液硬化制成的……

最初的橡胶是从树液中提炼出来的。中南美洲的土著人以及西班牙、葡萄牙的探险家们先从野橡树上提炼出乳状的树液，然后再将树液制成黏性物质——橡胶，最后再用橡胶做成防水的衣服和鞋子。不过，天气炎热时，这些橡胶制品就会变软、变形，甚至发出臭味；天气寒冷时，它们却变得很脆，像玻璃一样易碎。所以，那个时候的人们只能随季节慎用橡胶制品，橡胶制品的生意也很难得到很大的发展。许多橡胶制造商曾经想方设法减少季节对橡胶制品使用性能的影响，科学家们也积极进行试验，但是一直没有取得突破性的进展。直到有一天，一个意外发生了……

1839年的一天，一个名叫古德意的美国人在作坊里做试验。他把橡胶与松节油和硫磺混合在一起，倒进带柄的锅里。当时，他正抓着锅柄与朋友谈话，谈兴正浓时忘了锅的存在，稍一松手，锅差点落到地上，但是有一团橡胶已经从锅边滑落，掉在附近的火炉上。

有一天，古德意在做试验时，不小心把锅里的橡胶洒落了一团。

正当他要把这团橡胶刮掉时却发现，它们已经被炉火烧得很硬，而且不发黏，还非常有弹性。时值寒冬季

古德意发现自己发明了一种既不怕热也不怕冷的橡胶，欣喜若狂。

节，古德意把这团橡胶放到室外。等到第二天早上，他发现那团橡胶仍然完好，居然没有被冻裂。

此后，古德意为了得到性能最好的橡胶，反反复复进行多次试验和研究，最后获取了橡胶与硫磺的混合比例、加热的时间和温度等重要数据，终于确立了橡胶加硫的制造法。后来，古德意开了橡胶制品公司，利用橡胶加硫制造法制造了许多橡胶产品。产品投放市场后，受到了人们的热烈欢迎。1843年，古德意取得了橡胶加硫法的英国专利。

橡胶的硫化法应用于橡胶业后，橡胶的用途变得越来越广泛。后来，橡胶船、汽车的发明和使用更加推动了橡胶的生产和发展。古德意的无心之举促成了不受季节影响的硫化橡胶的产生，不仅推动了橡胶业的发展，还带动了其他一些行业向前迈进。

就像古德意在其自传中说的那样："因为我的不小心，却造成了意料不到的结果。"他认为硫化橡胶的发明只是事出偶然。其实，古德意在发明硫化橡胶以前已经研究橡胶很多年了，而且也长时间致力于研究硫化橡胶，但是没有取得什么进展。那次意外恰好给了他很大的启发，从而促成了硫化橡胶的伟大发明。

小意外大发明 | Xiao Yi Wai Da Fa Ming

小小的意外启发了古德意，促使他发明了硫化橡胶。其实，这一切并非完全属于偶然。如果不是他坚持不懈地研究橡胶的制作工艺，并反复地动手试验，怎么会发明出不受季节影响的硫化橡胶呢？由此可见，积极动手实践是走向成功的一个必要条件。

以前，人们总是用水来漂洗衣服。今天，许多衣服不用水也能洗得很干净，那么这种不用水的洗衣方法是谁发明的呢？

07.不用水也能洗衣服

洗衣服的方法多种多样。在干洗方法出现以前，人们常常或用手搓洗衣服，或用木棒槌打洗衣服，或把衣服放在木桶里、再用搅拌棒搅动的办法来洗衣服，后来，又用洗衣机来洗衣服……洗衣服的方法可谓变化多样，但有一点是不变的，那就是必须用水来洗。如今，人们又发明了一种新的不用水的洗衣方法——干洗。

普通洗涤以水为溶剂，干洗则是一种利用有机溶剂洗涤衣服的方法。如果我们不小心把冰淇淋滴在了T恤上，或者把牛奶洒在了牛仔裤上，我们都可以把它们扔进洗衣机，放心地让洗衣机去水洗。

但是，如果我们不小心弄脏了高档的毛衣、皮衣或者家里的亚麻桌布，就得向干洗店求助了，因为这些材料做成的衣物只要沾水便会变形、变色，而干洗恰恰是不用水的。

干洗与水洗相比，一般情况下其去污能力要更胜一筹。因此，干洗越来越受到大众的欢迎。那么它是谁发明的呢？很少有人知道，它的发明是得益于一次“弄脏”衣物的小意外。

一般的衣服可以直接用洗衣机来洗。

裘利不小心把灯油碰洒在桌布上。当他用抹布擦拭油渍时却发现，擦过的地方变得比没有沾染油渍的地方更干净。

1825年的一天，一个叫做裘利的法国巴黎人在家中打扫卫生时，不小心把油灯打翻了。灯油流出来，把他妻子最喜欢的那块桌布给弄脏了。

糟糕，如果她发现了，一定会生气的，我得赶快收拾干净。裘利一边想一边拿起抹布使劲儿去擦桌布上那块大大的油渍。

奇怪的事情发生了。他越擦，桌布就变得越干净，而且被擦过的地方比其他没有沾染油渍的地方要干净得多。

裘利呆住了，一时不明白其中的缘由。不过他很快就弄清楚了，原来是灯油溶掉了桌布上的油渍。

裘利原本是个做衣物染料买卖的生意人，经过这件事情，他很快联想到，这可能是一种新的清洗衣物的方法。于是，他赶紧把桌面的残余油渍擦干净，然后专心地研究起灯油的成分来。

经过一段时间的研究，裘利发现，只要让有机溶液渗入衣物，就可以从纺织纤维的表面除去油污。这种方法特别适合洗涤高级衣物，能使衣物不变形、不褪色。

后来，他又在自己的工厂里试用这种清洗方法，取得了非常好的成效。

以前，用肥皂和水洗衣物很容易使衣物变形、褪色，甚至会损坏衣物的纤维。但是，这种新式的洗衣法却避免了这些情况的发生，它不仅能把衣物洗得干干净净，还能保持衣物的原形，因此大受欢迎，并被人们称为“干洗”。

1855年，裘利在巴黎开办了世界上第一家服装干洗店，这种干洗服务很快就风靡全球。

但因为裘利利用灯油作洗涤剂，所以这种干洗具有很大的危险。灯油不仅易燃，而且还有一种令人讨厌的气味。所以，人们逐渐使用其他有机溶剂代替灯油，开始了干洗新时代。

小意外大发明 | Xiao Yi Wai Da Fa Ming

千百年来，衣服脏了，总是用水来清洗，用水洗不掉的就没别的办法了。裘利发现干洗方法之前，人们也许从来没有想过，不用水竟然也能清洁衣物。其实，我们的身边存在着很多很多的“不可思议”与“想不到”，这些都在等着我们去大胆怀疑和探索。

肥皂是最古老的洗涤用品了，传说最古老的肥皂是用油和炭灰制成的……

08.厨房里发明的肥皂

大约5000多年前的一天，古埃及国王在王宫里大摆宴席，招待各国使节。当时，宫廷里的仆人忙作一团。在厨房里，一个精明能干的厨师刚刚做完一道美味。他右手拿起托盘正准备叫其他仆人上菜，结果左手不小心一摆，把桌上的油罐碰翻了。油从罐口溢出，洒在了地板上。

唉呀！忙中出错！这可怎么办？如果总管发现我浪费了这么多油，又弄脏了地板，他肯定会责罚我的。厨师急忙把托盘放在一边，不知该如何是好。

突然，他瞥见了旁边的炭灰，于是计上心来。趁别人不注意，他赶紧捧来好几把炭灰，把油渍完全盖住了，然后又把炭灰和油混了混，并把混合物一把把地捧到墙角。当他处理完这些油渍后，发现双手沾满了炭灰和污浊的油。于是，他赶紧把手伸进水盆里去洗。结果他的双手没搓几下，就把脏东西洗掉了，而且把以前留在手上的油垢也洗掉了。

这是怎么回事？怎么洗得这样干净呢？厨师看看自己的手，又看看水盆里的水，一时找不到答案。

不过，周围忙碌的身影和声响容不得他花时间多想。他赶紧把手擦干净，再把刚刚做好的菜端给其他仆人，继续忙着做菜。有了这次教训，他再也不敢疏忽大意，而是小心翼翼地做事。

厨师不小心碰翻了油罐。

宴会结束，厨房里的人把盘盘碟碟都撤回来，堆积在一起，厨房里一片狼藉。仆人们个个低声抱怨着，不敢大声说出来，生怕被宫廷总管听见。厨师想到混有油的炭灰能洗掉污渍，便建议大家去沾点墙角的那堆炭灰，用它们清洗盘盘碟碟，也许能洗得干净些。其他仆人本来已经满腹怨气，听到厨师的建议后更加气愤了，以为他是在添乱，都不予理睬。

厨师意外地发现，沾有油的炭灰能把手上的脏东西洗掉。

厨师见状，独自走到墙角边，抓了一点炭灰，然后走到一个盛满盘子的水盆旁，用炭灰和水擦洗盘子。很快，他就把盘子上的污渍洗掉了，盘子变得非常光洁。

他拿着盘子对着其他人，神气地说道：“看见了吧？如果你们想尽快干完活，就试试我的方法吧。”有几个人半信半疑地照着厨师的方法去做，结果也把盘子洗得非常干净。其余人纷纷效仿。

不一会儿，墙角的炭灰用完了，有的人便直接去取火旁的炭灰用，结果盘子变得更脏了。“怎么回事？为什么越洗越脏了？”有人不解地问。

厨师便把自己意外打翻油罐的事情说了出来。大家都觉得不可思议。没想到，混了油的炭灰具有那么好的清洁效果。于是，他们偷偷地把油罐里剩余的油都洒到了炭灰上，开始用它们的混合物清洗盘碟。

后来，这件事被总管发现，传到国王那里。国王叫来厨师，命令他示范给自己看，结果也对这个发现惊讶不已。

不久，国王命令手下的人按照厨师所说的方法，制造沾有油脂的炭灰用来洗手。世界上最早的肥皂就这样诞生了。

公元70年，罗马学者普林尼首次用羊油和草木灰制成块状肥皂。这种制皂方法很快传到希腊、英国等地，由于制造肥皂的成本高，只有皇宫贵族才用得起，所以肥皂没有在民间流传开来。后来，随着肥皂的制造工艺不断改进，质量不断提高，成本也降低了很多，肥皂才逐渐走进了千家万户。

小意外大发明 | Xiao Yi Wai Da Fa Ming

厨师不小心打翻了油罐，为了掩盖自己的失误，无意中把炭灰和油混在了一起，从而发明了肥皂。传说并非完全地无中生有，世界上许多发明发现都具有传说色彩，一个普通人在一个偶然机会中发现了惊人的奇迹，或者创造了一项伟大的发明。意外无所不在，也许一项伟大的发明就源于意外的一瞬间。

朋友们，你们是否在墙壁、门、电脑旁贴过便利贴，来提醒自己一些事呢？

09.从失败的黏胶到便利贴

日常生活中，当你忙得焦头烂额的时候，是不是经常会忘记一些事情呢？是不是有时候到了下班时，才想起有一件事还没有办理呢？节假日里，当你想向一位远方的亲朋好友问好时，是不是想不起他们的电话号码呢……这时，便利贴就会帮上你的忙。

便利贴小巧实用，我们可以在上面记录一些电话号码、留言、待办事项等。把便利贴贴在显眼的地方，可以时刻提醒我们。

也许，我们在享受便利贴带来的种种便利时，很少去想它是怎样被发明出来的，更不知道从失败的黏胶到便利贴的故事。

故事的主人公是一个名叫雅特·富莱的人。雅特·富莱是美国20世纪中后期的一位化学工程师。

在美国，教会经常举行唱圣歌的活动，称为唱诗班。雅特便是一家教会唱诗班的成员。因为平时工作繁忙，为了方便记忆，雅特总是在歌本中夹一张小纸片来标记将要唱的诗歌歌词的位置。这种好习惯让他从未出

雅特·富莱在演唱诗歌时，歌本中夹着的小纸片突然掉落下来了。

雅特·富莱动手设计出了制作黏性便条纸的机器。

过差错。

1974年的一个星期天，雅特像往常一样来到教会演唱诗歌。唱着唱着，一张小纸片忽然从他的歌本中掉了下来。

雅特望着那张小纸片，忘记了演唱诗歌。他一走神儿，就忘记诗歌进行到哪里了，窘得他满脸通红。

他想，如果把纸片涂上胶，粘在歌本上，纸片就不会掉了。如果在撕掉纸片的时候又不会破坏纸张，那就更完美了。

有了这样的构想，雅特参加完唱诗活动后便急忙赶回实验室，开始进行研究。

通过查阅资料，雅特发现符合这种要求的黏胶早在四年以前就已经被一个叫做席尔巴的人发明出来了。

当时，席尔巴本来想制造一种黏性超强的黏剂，结果却制造出一种一点儿也不黏的黏剂——黏胶。黏胶不会干，连把两张纸黏在一起都有点困难。

席尔巴觉得这种黏胶没有多大用处，并且认为人们也不会需要它，所以就把它当作一项失败的发明处理了。

雅特却不这么认为，他坚信黏胶的发明会给人们带来巨大的好处，并且一定会受到人们的欢迎。

于是，他先按照席尔巴的方法做出了这种黏胶，并对它进行了改良，使它具有了一定的黏性。

此后，他又经过反复研究试验，根据自己的设想设计出了能批量生产黏性便条纸的机器，从而制造出了便利贴。

1980年，便利贴一上市，便受到了人们的热烈欢迎，厂家不得不大批量地生产。

从1974年到1980年，7年之间，失败的黏胶转变为便利贴，取得了巨大的成功。如今，便利贴仍然为我们的日常生活和工作提供着巨大的便利。

小意外大发明 | Xiao Yi Wai Da Fa Ming

席尔巴先于雅特四年发明出了新式的黏胶，但没有加以推广利用。雅特却因为一时的灵感，利用这种黏胶发明出了便利贴。这个故事说明，我们不仅要了解事物的优点，还要想清楚如何才能最好地利用它。

不锈钢是在空气中或化学腐蚀介质中能够抵抗腐蚀的一种高合金钢，它具有美观的表面和良好的性能。我们在使用不锈钢的锅、刀、叉子时，又有几人会想到不锈钢的发明与废物堆有关系呢？

10.废物堆中发现的不锈钢

铁在空气中放久了就会生锈，所以许多纯铁制品的使用期限都很短。于是，人们就想制造出不锈的物质来代替铁的使用。

19世纪，工程师们用铁和一定数量碳的混合物炼出了钢。钢容易生产，而且非常坚硬。但是，工程师们在使用钢制品时发现，它也像铁一样容易生锈。于是，科学家们又试图通过使其他金属与钢相熔合，制成各种抗锈合金。

20世纪初期，英国的枪支生锈现象非常严重。打仗的时候还好些，因为士兵天天擦枪膛，所以生锈的比较少；只要一不打仗，士兵们懒得擦枪膛，枪就会锈掉一大批。一旦又打起仗来，就得更换一大批新枪，既费钱又费事。

于是，前线指挥官责怪后勤部补给不力，后勤部责怪兵工厂造的枪太差，兵工厂埋怨钢铁厂没出息。钢铁厂负责人受了骂，就去请教冶金专家布里尔利，请求他尽快冶炼出不生锈的金属来制作枪膛。

从1913年起，布里尔利就开始带领助手在实验室中不停地做实验。期间，他使用了各种各样的金属材料，并把不同的金属互相混合调配，但做了很多次实验，始终没有得到想要的那种钢。

由于每次实验得到的不符合要求的钢块都被扔在一个墙角的垃圾桶里。几个月过去了，垃圾桶的废物越来越多，大大超过了垃圾桶的容量，因此，许多钢直接散落在墙角。这些钢块长期暴露在空气中，受到一定湿气的影响，逐渐变得锈迹斑斑。

有一天，布里尔利和助手们在接连做了好几个实验后，仍旧没有成效。他已经忙得

布里尔利正在专心地做实验。

布里尔利在废物堆中发现了不生锈的钢。

很累了，便想，哎，看来今天也不会有什么新发现了，还是明天再继续吧。于是，他把实验中用过的那些金属扔到了废物堆里，回去睡觉了。

与平常一样，第二天一早，布里尔利便来到实验室。他发现墙角的废物已经堆积成小山，该清理清理了，于是就吩咐助手们先清理废物，再做实验。布里尔利在和助手们搬运废物时，发现废物堆中有一块废钢银光闪闪，没有锈迹，与其余的废钢块形成鲜明的对比。难道……布里尔利意识到这是一个重大发现，于是快步上前，从废物堆中拣出那个钢块，仔细察看。他的助手们也诧异地盯着这个钢块，小声议论着。

"难道这就是我们一直努力研制的不锈钢吗？"布里尔利兴奋地大声说道，随即又深思起来，它的成分都是什么呢？由于他们试验的次数太多，每次实验过后那些他们认为不符合要求的废物都被随意丢进了垃圾堆，所以他们很难从炼钢记录本中查出有关这块不锈钢的成分数据。

为了查明这块不锈钢的成分，布里尔利开始着手对其进行化验分析。最后，从化验的结果得出，这是一块铁铬合金，其中约含有14%的铬元素。这一重大发现并没有使布里尔利止步。不久他又带领助手继续进行铁铬合金实验，最后发现含有12%铬元素的合金钢是最理想的不锈钢。随后，他用这种钢制成了一把刀，这是世界上第一件不锈钢产品。

小意外大发明 | Xiao Yi Wai Da Fa Ming

也许你会觉得布里尔利很幸运，竟然能从垃圾堆中发现不锈钢。但你是否想过，如果布里尔利不是坚持不懈地炼制合金钢，并反复地做实验，恐怕让他天天翻垃圾堆，也发现不了不锈钢。可见，任何发明的背后，都有一个强烈的信念作为动力，将人引向发明之路。

啤酒瓶的瓶盖儿形似倒扣着的皇冠，能把瓶子盖得严严实实，这种冠状瓶盖儿是怎样发明出来的呢？

11.腹泻引出的冠状瓶盖儿

在人类历史上，出现过各种瓶盖儿：木头的、塑料的、金属的……不管是哪一种瓶盖儿，人们要的是它良好的密封性能。

实际上，在20世纪以前，人们一直没有很好地解决这个问题，直到冠状瓶盖儿出现以后，问题才算圆满地解决。

冠状瓶盖儿的发明者是20世纪美国的一个名叫威廉·潘特的工程师。一次意外的腹泻使他萌生了研制密实的瓶盖儿的想法，结果他就发明了冠状瓶盖儿。

潘特十分疲惫地回到家里，狂喝了半瓶苏打水。

有一天，潘特工作了一整天，疲惫地回到家里，看到桌上有半瓶剩下的苏打水，便一股脑儿喝了下去。但是没过一会儿，他的肚子就疼得难以忍受。

本来累得动弹不了，现在又肚子痛，真是难受死了！潘特发起了脾气，但是又不得不频繁地跑厕所。最后，他虚脱地躺在床上，昏昏睡去。

结果，这次腹泻折磨了他好几天才停住。潘特病好后，便追查导致他腹泻的元凶。最后真相大白，原来，一切都是他前几天喝过的那半瓶苏打水在捣鬼。由于瓶盖儿盖得不严，苏打水在炎热的天气下极容易变质，而喝了变质的苏打水后就会肚子痛。

我一定要想办法制作出严密耐用的瓶盖儿，避免瓶里的东西变质。潘特心想。

于是，他开始对瓶盖儿进行研究。在一年之内，他花大力气收集

潘特在妻子的启发下，开始研制冠状的瓶盖儿。

了3000多个瓶盖，其中，有木头的，有塑料的，也有金属的。

由于他以前从未接触过瓶盖儿的制造工艺，所以即使下了很大的工夫，一时也很难想出使瓶盖儿变严实的办法来。为此，他整天愁眉苦脸，唉声叹气。

有一天，潘特的妻子实在不忍见丈夫的情绪低落下去，于是就说道："盖紧瓶盖儿有那么难吗？就像戴皇冠一样，先戴上皇冠，再用力往下压不就行了？"

妻子的话顿时惊醒了潘特。

"对呀！如果制造出像皇冠一样的瓶盖儿，那么就能增强瓶子的密闭性了。"潘特兴奋地拍打自己的脑门，"我怎么没想到呢？"

可是，怎样把瓶盖儿做成皇冠状呢？

潘特把收集来的瓶盖儿堆在一起，拿起工具一个个地进行试验。

他先把瓶盖儿边缘挫成锯齿状，使它们看起来像皇冠一样，然后把它们盖在瓶口上，从四周使劲向下压。果然，瓶盖儿马上盖紧了，就像倒扣着的皇冠，而且很难直接用手把瓶盖儿启开。就这样，坚固耐用的冠状瓶盖儿诞生了。

像皇冠一样的瓶盖盖得很严实，可是怎样才能使它们广泛应用于生活中呢？潘特又发愁了。

"那还不好办？你制造一台生产这种瓶盖的机器不就得了。"妻子说。

后来，潘特经过反复的研究和多次的试验，发明了生产这种瓶盖儿以及将它盖上瓶子的一整套机器，并创立了锯齿状瓶盖公司，大量生产锯齿状瓶盖儿，最终变成了百万富翁。

冠状瓶盖的发明，大大提高了啤酒、饮料等的保质、保鲜寿命，从而使得饮料行业也得到了进一步的发展。在20世纪60年代，"拧脱式"瓶盖儿发明之前，潘特的瓶盖几乎是人们使用的唯一一种瓶盖儿。

小意外大发明 | Xiao Yi Wai Da Fa Ming

潘特从妻子的话中得到了启示，结果只是把瓶盖的四周用力向下压就发明出了皇冠一样的新式瓶盖。有时候发明就是这样，只需要一个简单的小想法，这并不是一件十分困难的事情。关键在于，你得去尝试改变或改善。如果你连这个念头都没有，那么发明永远不属于你。

提起X射线，人们都很熟悉。去医院看病、体检，常常要照“X光”，也就是“拍片子”。医生根据X光片了解我们的病情。是谁把这么厉害的X光线引入我们的生活的呢？

12.黑纸挡不住的X射线

100多年前，X射线首次被发现。如今，这种射线已经被人类广泛应用于各个方面，像金属探伤、晶体结构研究、医学和透视等，尤其是对医学等科学和工业的发展起到了很好的促进作用。

那么，这种奇妙无比、用途广泛的X射线是由谁发现的？又是如何被发现的呢？

1895年，德国物理学家伦琴在德国维尔兹堡大学当教授，课余时间几乎全部用于物理实验研究。

有一天，伦琴只啃了几口面包，就跑回实验室去继续实验了。他的妻子贝塔立刻走出卧室，包了一些食物，怒气冲冲地给伦琴送去。

当时，伦琴正在实验室里聚精会神地做着阴极射线实验。阴极射线是由一束电子流组成的。当几乎完全真空的封闭玻璃管两端接通电源时，就会产生电子流，产生阴极射线。

在当天的实验中，伦琴先用黑纸严密地包裹住密闭的玻璃管，接着关掉试验室的照明灯，然后接通阴极射线管的电源，检验黑纸是否漏光，却忽然发现前方两米远处的荧光板上闪动着一片亮光。伦琴感到非常惊讶，因为阴极射线的穿透力较低，甚至连几厘米厚的空气都难以穿过。所以，阴极射线根本不能从黑纸包裹的玻璃管中泄漏出来。那么，这片亮光是怎样产生的呢？

伦琴一边琢磨，一边自言自语道：“通电的是射线管，为什么荧光板能发光呢？”很快，伦琴敏感地猜测，玻璃管里一定产生了某种射线，并且这种射线穿透能力很强，能穿透黑暗，使荧光板发光。他反复地开闭电源，结果发现，电源接通时亮光存在，电

伦琴在做阴极射线的实验时，意外地发现荧光板上出现了一种奇怪的光。

源关掉时亮光消失。实验证明他的猜测是正确的。但是，当时伦琴并不确定这种射线的性质，于是为它取名为X射线（X是数学上通常采用的未知数的符号）。

伦琴发现的X射线可以用来透视人体，拍摄人体各部位的X光片。

正当他沉浸在新发现的喜悦中时，他的妻子贝塔闯进了实验室，并对他大声吼道：“你不要命了？究竟还吃不吃晚饭？”

听到妻子的埋怨，伦琴并不生气，因为他实在太兴奋了。他告诉妻子自己的惊奇发现，并让她配合自己做实验。

贝塔虽然心中不悦，但还是答应了。她把食物放在一旁，走到伦琴面前。忽然，她惊叫起来：“亲爱的，快来看我的手！”

“你的手怎么啦？”伦琴赶紧抓住妻子的手，关切地问。

“不是的，你快看屏幕上面。”贝塔神色惊慌地大声说。

伦琴立刻把目光转向荧光板，发现上面清晰地显示出贝塔手指的骨骼影像。一个新的设想在他的脑中出现了。

“亲爱的，你把手放到荧光板前面去，我给你的手拍张照片。”当照片洗出来以后，伦琴意识到这是贝塔的一个完整的手骨影像，也是世界上第一张X光照片。

后来，伦琴经过多次实验，又证实了X射线不仅可以使密封的底片感光，还可以穿过薄金属片，甚至在照片上显示出衣服里隐匿的钱币。由于X射线可以穿透皮肉透视人体的骨骼，因此这项发现一经公布便很快应用于医疗诊断。伦琴因为发现X射线荣获了1901年的诺贝尔物理学奖，X射线也被称作伦琴射线。

目前，X射线广泛应用于许多领域。医院用X光设备透视病人病变部位，诊断病情；科学家利用X射线研究物质的内在结构；火车站、机场也用X光检查乘客是否携带违禁物品；等等。

小意外大发明 | Xiao Yi Wai Da Fa Ming

伦琴在实验中发现了荧光板上的亮光，进行大胆的猜测，并通过多次实验证实自己发现了X射线，后又通过大量实验研究X射线的性质，为人类进行医疗诊断和科学研究等做出了巨大贡献。他的细致入微的观察力和对科学的执著探索精神都是值得我们学习的。

针灸是我国古代医学史上一项重大发明，它不仅操作简单，而且疗效迅速，能治疗很多疑难杂症，千百年来一直深受人们的欢迎。

13.尖石块带来的针灸疗法

中国的传统医学源远流长，其中以针灸术的历史最为悠久，可以算得上是整个中医的发端。

针灸是一种“从外治内”的治疗方法，它通过一定的手法针刺人体的不同穴位，起到疏通经络的作用，可治疗全身的疾病。

早在旧石器时代，我们的先祖在生活中就已经使用经过简单砍砸加工而成的锋利石器切开痈疮，排除脓肿。

针灸医学最早见于2000多前的《黄帝内经》中。古书上曾多次提到针刺的原始工具是石针，称为砭石。据考古学研究，这种砭石大约出现于距今8000至4000年前的新石器时代。

原始时期的人们是怎样发明针灸的呢？自古以来，民间便一直流传着尖石块刺穴位带来针灸疗法的传说。

相传，有个樵夫得了非常严重的头疼病。但是为了维持生计，他还是硬撑着身体去山上砍柴。

有一天，他刚砍完柴，准备回家，突然头疼病犯了。他痛得抱着头在地上打滚儿，并发出痛苦的呻吟声。

突然，一个尖石块划到了他的腿。他勉

樵夫疼得在地上打滚。

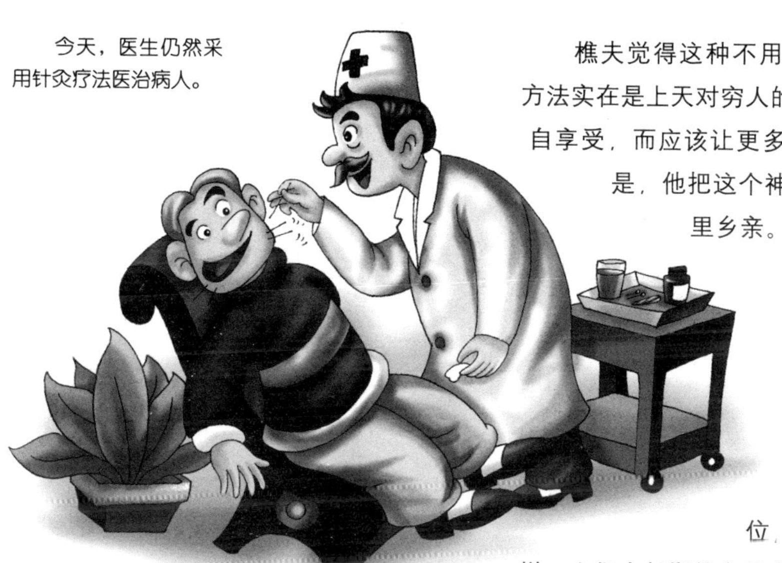

今天，医生仍然采用针灸疗法医治病人。

强直起身来，发现腿虽然被划破了皮，但是头却不像先前那么疼了。

奇怪了！头疼怎么减轻了？难道是用石头刺我的腿就能减轻头疼吗？樵夫心里直犯嘀咕，但又不敢轻易去尝试。

不久，他的头疼病又犯了。当他实在忍受不住疼痛的折磨时，便随手找到一个尖尖的石块，向小腿原来被刺伤的部位用力地刺了下去。

神奇的是，他的头痛减轻了。他惊喜地紧盯着这个小小的石块，仿佛它是世上罕见的宝贝。

以后，每当头疼时，他就用尖石块刺小腿的那个部位。结果，每刺一次，头疼就会减缓一些，后来，发病的频率也越来越低。最后，他的头疼病竟然不治而愈了。

樵夫觉得这种不用花钱就能治好病的方法实在是上天对穷人的恩赐，他不应该独自享受，而应该让更多的穷人享受到。于是，他把这个神奇的发现告诉了邻里乡亲。

此后，当地的人们遇到身体部位疼痛难忍或是不舒服时，也纷纷学着用磨尖了的小石块刺身体的不同部位，以求减轻病痛。这样，人们在长期的实践中就逐渐总结出了所说的针灸治疗法的一种——针刺疗法。

后来，随着医学的发展，人们渐渐地把石头换成了石针、骨针、陶针、铜针、金针和银针，并逐渐掌握了刺激人体各个穴位的方法。针灸疗法就这样发展起来了。

如今，针灸又与中医经络的穴位治疗和理疗紧密结合，取得了更佳的效果，并形成了很多种令人眼花缭乱的针法和丰富而全面的体系。因此，我国的针灸医学不仅在国内深受重视，被广泛使用，而且也越来越受到国际医学界的重视，尤其是在1971年，我国正式向全世界宣布了针刺麻醉成功的消息后，这更引起了国际医学界许多人士对针灸疗法的兴趣。现在，针灸疗法已经走向了欧洲、非洲、美洲，正在给全世界的许多患者带来健康和欢乐。

小意外大发明 | Xiao Yi Wai Da Fa Ming

故事中的樵夫犯头疼病时，意外地被尖石块刺到了小腿的某个部位，从而发现了尖石块刺身体穴位治疗疾病的方法。针灸疗法随之产生。其实，很多大发现都是这样误打误撞出来的。当你遇到奇特现象的时候，不妨认真想一想，它为什么会出现，也许你也能有重大发现呢。

麻沸散是名医华佗的一项重大发明，许多人都知道这个事实，可很少有人知道它的发明与一个酒鬼病人有莫大的关系……

14.酒鬼病人引出麻沸散

麻沸散是世界上最早的麻醉剂，由我国东汉时期著名的医学家华佗所发明。但是，你肯定想象不到，华佗发明麻沸散的灵感竟然来自于一个酒鬼病人。

华佗生活在东汉末年的三国初期，那时军阀混乱，水旱成灾，疫病流行，人民处于水深火热之中。华佗非常痛恨作恶多端的封建豪强，十分同情受压迫受剥削的劳动人民。为此，他不愿做官，而是集中精力进行医药的研究，救死扶伤。

华佗擅长内、外、妇、儿、针灸各科，尤其是外科。他通过做外科手术，治愈了很多人。但是，由于当时没有麻醉药，所以每当进行破腹、截肢等外科手术时，伤病员因忍受不了手术的痛苦，有的晕厥了，有的痉挛了，情形实在令人目不忍睹！华佗为了减轻伤病员的痛苦，想了许多办法，做了不少试验，但总是收不到预期的效果。

一天，华佗正在家里为病人看病。突然，有几个人抬着一个摔断了腿的年轻人前来求诊。病人的伤势十分严重，人已经昏迷不醒了，必须马上进行手术。

平时，华佗都会用绳子把做手术的病人捆住，以防病人忍受不住手术的痛苦而乱动，影响手术的进行。但眼下情况紧急，华佗来不及多想，直接进行了手术。不过，手

一天，几个人抬着一个摔断了腿的年轻人到华佗的药铺求诊。

术进行得十分顺利，病人丝毫没有挣扎。等到手术完成之后，华佗才发现了自己事先没有给病人绑绳索。

奇怪了！这个年轻人为什么没有觉得疼痛呢？华佗困惑地盯着病人。

突然，他闻到这个年轻人身上酒味极浓。华佗恍然大悟：一定是酒麻醉了他的神经，使他感觉不到疼痛！看来，酒具有麻醉作用，可以缓解病人在手术时的病痛。

华佗收集了大量的草药，经过无数次尝试，才配制出了麻沸散。

此后，华佗每当为病人做外科手术前，都要病人喝一些酒，以缓解病痛。可是，有的手术时间长，刀口大，流血多，光用酒来麻醉是不能解决问题的。

有一次，华佗到乡下行医，碰到一个患奇怪病症的人。病人瞪着眼，牙关紧闭，口吐白沫，睡在地上不能动弹。病人的家人告诉华佗，病人本来好好的，就因为误吃了几朵臭麻子花（又名洋金花），才得了这种病的。

华佗听了他们的述说，赶紧让他们找了一些臭麻子花。 华佗见到臭麻子花后，闻了闻，看了看，又摘了一朵花放在嘴里尝了尝，顿时觉得头晕目眩，满嘴发麻。 华佗明白了，原来这种臭麻子花具有很强的麻痹作用。他摸清了得病的原因，就对症下药，最后用清凉解毒的办法把病者救了过来。华佗临走时，什么也没要，就要了一捆连花带果的臭麻子花。从那天起，华佗又开始对臭麻子花进行试验。

另外，华佗还四处走访了许多大夫，从他们那里搜集了一些具有麻醉作用的药物。同时，他也上山采集各种各样的草药。经过多次不同配方的配置以及大量的试验，华佗终于用臭麻子花、曼陀罗等配制出了新式麻药。而且，他把这种麻药与热酒混合后使用，麻醉效果更佳。因此，华佗为这种麻药取名为“麻沸散”。

自从制成麻沸散后，每当进行外科手术前，华佗总先让病人喝下麻沸散。这样，动手术时，病人就感觉不到一点疼痛。但可惜的是，麻沸散的配方自华佗死后便失传了。虽然民间流传着许多所谓的麻沸散的“配方”，但是无人能确定其真假。不过，人们对于麻沸散的发明故事却都津津乐道。

小意外大发明 | Xiao Yi Wai Da Fa Ming

华佗针对酒鬼病人在手术中感觉不到疼痛这个特殊现象，进行了深入的思考，不断尝试配制各种各样的新药，终于发明出了麻沸散。我们也应该努力培养自己勤于思考、勤于动手的好习惯，把“想”和“做”结合起来。

香脆的蛋卷裹着甜美的冰淇淋实在令人垂涎欲滴，这么美味的甜品是怎样发明出来的呢？

15.灵机一动产生的蛋卷冰淇淋

据说，早在数千年前，中国人就已经用冰制作冷饮享用了。到了宋代，市场上冷食的花样翻新，商人们还在冷饮里加上水果或果汁。据说在元朝时，一个商人在冬天里想吃冰凉的甜食，于是就在敲碎的冰块中加入蜜糖和牛奶，再把它放到露天去冻，用这种方法，这位商人制成了人类历史上最早的冰淇淋。

16世纪，欧洲皇室的御厨用奶油、牛奶、香料等制造出了色泽鲜艳、美味可口的冰淇淋。此后，冰淇淋种类不断增多，也逐渐从贵族阶层走进了大众生活。

但那时还没有圆锥形的蛋卷外壳，所以，人们在享受美味的冰淇淋时会遇到一个难题，即用什么容器来装冰淇淋。对此，制造和销售冰淇淋的商贩也曾进行过一些尝试。许多商贩曾用小玻璃杯装冰淇淋，但是有些顾客常常不小心打破玻璃杯或是顺手拿走了玻璃杯，商贩们不得不承受一部分损失。

卖冰淇淋的摊位异常红火，但是却缺少盛冰琪淋的碟子。

汉威灵机一动，把薄饼皮做成卷，与卖冰淇淋的小贩合作，卖出了许多“卷饼”冰淇淋。

直到蛋卷冰淇淋的出现才帮助他们解决了这一难题，而这一切都要归功于一个普通小贩的灵机一动。

1904年的一天，美国密苏里州的圣路易斯城举办世界博览会。组委会允许商贩在会场附近摆摊设点。会场内外人来人往，热闹非凡。

在会场外一角有两个卖东西的摊位，一个卖的是冰淇淋，另一个卖的是香脆薄饼。由于当时天气炎热，会场内外的许多人都来买冰凉可口的冰淇淋解暑。卖冰淇淋的小贩忙得不可开交，很快就把用来盛装冰淇淋的碟子用完了，有很多客人都要等别人吃完退了碟子后才能吃到冰淇淋。卖冰淇淋的小贩急得满头大汗，不知该怎么办。

而这边卖薄饼的小贩汉威也在着急。不过，他急的是生意不好，因为很多人都不买吃了令人更加口渴的薄饼。

眼见冰淇淋小贩着急的样子，汉威灵机一动，心想，反正我的生意也不怎么好，倒不如跟他合作，用薄饼盛装冰淇淋来卖。

于是，他把自己的薄饼卷成一个圆锥形，并把“锥子”倒过来，请卖冰淇淋的小贩向里面装冰淇淋。装完一个冰淇淋后，汉威悠闲地吃了起来。他一边吃边对卖冰淇淋的小贩说：“老兄，我们干脆来合作吧！”

“我们怎么合作呀？”卖冰淇淋的小贩不解地问道。

“我用薄饼皮卷成筒，给你用来盛放冰淇淋，你看怎么样？”

“好主意，好主意。”卖冰淇淋的小贩转忧为喜，不禁连连称赞。

在那个炎热的下午，冰淇淋就这样一勺一勺地盛放在薄饼皮做成的卷筒中卖了出去，而汉威的薄饼也因此全卖光了。而且，这种新式的冰淇淋比原先用碟装的冰淇淋更加受欢迎，因为顾客们觉得它别有一番风味。

由于出席世界博览会的人来自世界各地，所以，这种薄饼卷冰淇淋出尽风头，很快扬名世界，并成为风靡全球的美味甜品。汉威因此发了一大笔财。这种薄饼卷冰淇淋就是我们今天所吃的蛋卷冰淇淋的雏形。

小意外大发明 | Xiao Yi Wai Da Fa Ming

蛋卷冰淇淋的产生也许是很偶然的一件事，但它是汉威积极面对现实、随机应变的结果。在自己的生意不好的情况下，汉威没有嫉妒别人；当别人出现困难时，他也没有幸灾乐祸，而是积极地想办法，用合作的态度，使双方的生意都兴隆起来。汉威的态度和行为，真是寓意深刻啊！

魔方是一种神奇的六色正方体方块，令全球无数人为之痴迷，那么小小方块的巨大魔力是怎么来的呢？

16.令人着魔的魔方

魔方是一种变化多端的智力玩具，种类很多，常见的是由26个小正方体和一个三维十字连接轴组成的三阶立方体，其中包含6个处于最中心无法移动的块、12个位于棱上的块和8个角块。魔方每个面上都有颜色，而且同一个面上的各个方块的颜色相同，但是面与面之间的颜色都不相同，这就是魔方的原始状态。

魔方的每个面纵横都分为三层，每层都可以自由转动，通过层的转动改变小方块在立方体上的位置。各部分之间存在着制约关系，没有两个小块是完全相同的。

玩魔方时，先随意转动魔方的小方块，使魔方各个面上的颜色块打乱，然后再努力将魔方恢复到原始状态。复原魔方需要灵巧的双手和敏锐的空间想象力，因此魔方作为智力玩具为大家所喜爱。

最早的魔方是鲁比克教授发明的，他发明魔方并不是为了投入生产和娱乐，而仅仅是把它作为一种帮助学生增强空间思维能力的教学工具。

鲁比克是匈牙利布达佩斯美术学院的教授。为了加强教学效果，

为了激起学生们学习立体几何的兴趣，鲁比克制作了一个新的教具。

鲁比克移动了立方体上的颜色块后，一时怎么也不能把这个立方体还原了。

他经常亲手制作一些新颖的教具。

1974年的一天。他为了让学生们更好地认识几何体，制作了一个新教具：由一些小方块拼成的一个大立方体。

鲁比克把六种不同的颜色分别涂在立方体的六个面上。只要稍稍扭动这些小方块，它们的位置就会发生变化。这时，大立方体的每个面上都会出现不同颜色的小方块。

太有趣了！这种立方体一定能激起同学们学习立体几何的兴趣。鲁比克想。

但是，他很快发现了问题。当他想把这些小方块还原时，却越扭越乱，顿时急得大汗淋漓，但是无论怎样都难以将立方体的每个面都调成同一种颜色。

从此，鲁比克就像着了魔一样，走路、吃饭甚至睡觉时都在捉摸这个问题，一有空闲便扭动方块。

直到一个月后的一天，鲁比克终于找到了其中的奥秘，将立方体各个面的颜色还原了。复原魔方需要一个好魔方、一双灵巧的手、敏锐的空间想象力和高效实用的转动程序。复原方法有很多种，具体步骤上有很大的差异性，但也有相通之处，最常见的是一层一层地拼好。

他发现将混乱的颜色方块复原是一个非常有趣的问题，于是心想，如果把这个立方体做成智力玩具，孩子们一定会非常喜欢的。估计谁拿到它都会着魔似的玩的。鲁比克决心大量生产这种玩具并为它取名叫“魔方”。

魔方就这样诞生了，并且很快风靡世界。人们也发现这个小方块组成的玩意实在是奥妙无穷。

在20世纪80年代，魔方最为流行，如同今天孩子们手中的掌上游戏机一样，成为青少年最喜欢的玩具。

从1980年到1982年，全世界总共售出了将近200万只魔方。

至今，魔方仍旧很畅销，它不仅仅深受孩子们的喜爱，也得到其他年龄段的人的推崇。因为它不仅仅是小孩子的玩具，更是一种休闲放松的方式，再加上更有刺激和挑战性的竞速、单手拧魔方的玩法，越来越多的人正在重新关注魔方。

小意外大发明 | Xiao Yi Wai Da Fa Ming

鲁比克出于制作教具的目的而把几个小方块简单地组合在一起，做成了可以转动的立方体，不料却意外地发明出了令人着魔的魔方。这个故事说明，有时候像“简单地组合在一起”这样的小方法，也会使一些物体发生巨大的变化，从而创造出不简单的大发明。

我们知道，长辈们刮胡子时都会使用安全剃须刀，以免把脸刮伤。那么，你知道世界上第一把安全剃须刀是怎样发明出来的吗？

17.忙出的安全剃须刀

金·吉列是世界著名剃须刀品牌——美国吉列公司的创始人，也是安全剃须刀的发明者。吉列出生于美国芝加哥一个小商人家庭，家境时好时坏。

吉列从16岁开始，便开始做推销员，一直干到40岁时仍无起色。

有一天，吉列要去见一个重要的客户。他穿戴好衣服正准备要出门时，却发现胡须还没有刮。

怎么忘了刮胡子了？如果这样去见客户，客户会觉得我不礼貌的。说不定，连生意都得告吹了。

吉列在刮胡子的时候不小心刮伤了脸。

由于时间紧急，吉列赶紧找到剃须刀，开始刮胡子。那是一把旧式的剃须刀，使用起来需要特别注意。

以前，吉列用剃须刀时都小心翼翼的，生怕被刮伤。但是这次，吉列心里着急，于是手上的力道重了些。结果一不小心，剃须刀刮破了脸，血开始从伤口流了出来。

吉列生气极了，狠狠地把剃须刀扔到一边，然后去找药箱。他一边包扎伤口，一边想，今天真倒霉！胡子没刮好，倒把脸刮伤了。我这个样子怎么去见客户啊？这个该死的剃须刀可把我害惨了。

吉列在愤愤之余又感叹道："如果有一种安全剃须刀就好了！可是市场上哪里有啊？"来不及多想，他便急匆匆地出门了。

晚上回到家后，吉列满身疲惫。上午见客户时，他不得不为自己的失仪一再道歉，又花费很大力气与客户谈生意，结果也没有取得什么进展。这时，他又想到了剃须刀的问题。

每个男人都需要刮胡子，刮胡子就需要剃须刀。如果剃须刀不安全，就会有刮伤脸的危险。想到这里，他决定制造出一种新式的安全剃须刀。其实他的脑海里早就产生了一个奇妙的想法：剃刀有用的部分只是刀刃，什么活儿都由它来干，而刀刃只占剃刀的很小一部分。能不能用钢制造一件东西而把刀刃安在上面呢？如果用夹子把钢片夹起来，那样，这块钢片用旧了或者是用钝了，就可以扔掉了。

吉列的朋友们都被他的精神感动了，纷纷自愿试用他新制作出来的剃须刀。

吉列说干就干，开始了新式剃须刀的研究过程。他买来锉刀、夹钳、薄钢片等工具和材料，关起门来细心地研究和构思，在这期间他画了许多新式剃须刀的设计图。

吉列首先根据螺帽的发明者佩因特的建议制成了安全剃须刀的原始模型，其中的刀架还可以随时更换刀片。他设计好剃须刀的原始模型后，又用钢片、钟表发条和手钳等工具制成了最早的安全剃须刀的刀片和刀架。

新式剃须刀制造出来以后，吉列不断地用它在自己的脸上做试验，多次刮伤了自己的脸。如果自己的胡子刮光了，他就请朋友帮忙试验。经过一次一次地试验，一次一次地改进，吉列终于发明出了安全剃须刀。它不仅可以很快地刮掉胡子，还能避免刮伤人的脸部。

后来由于资金等问题，从吉列发明出安全剃须刀到将它推向市场，前后共经历了近8年时间。

1902年，吉列终于开始批量生产自己研制出来的新型剃须刀。起初，这种剃须刀的销售情况很不好。但是吉列没有放弃，他一面大力设计性能更加优良的刀片，一边多方面进行广告宣传。

功夫不负有心人，1906年吉列设计的安全剃须刀大大赢得了美国人的喜爱，很快发展成为一个品牌，并迅速传遍了世界。

小意外大发明 | Xiao Yi Wai Da Fa Ming

吉列在匆忙之中刮伤了自己的脸，从而激起了制造新式剃须刀的想法。他为了发明出安全的剃须刀，不断地在自己的脸上做试验，数次刮伤了自己的脸，不知道忍受了多少伤痛。你是不是也被他的自我牺牲精神而感动了呢？所以说正是他的执著与自我牺牲，成就了他的大发明。

许多地毯、家具或椅套等家庭用品表面都涂有一层含氟的涂料，你知道这是为什么吗？

18.能够防尘的新式涂料

地毯、家具、汽车和椅套等用品表面涂有一层含氟的涂料，其实是为了防尘。这种防尘的方法不是科学家们费力去寻找的，而是一个普通的研究人员从一次小意外中发现的。

故事发生在1950年，一次，美国3M公司的一位研究人员正在实验室里做试验。她试验的主题是如何清除飞机表面产生的污垢。这段时间里，她已经试过很多材料，但都没有达到理想的效果，最后，她想到了用氟化物来试试。在用含有氟的溶液做试验的时候，她不小心把几滴溶液弄到了鞋子上。于是，她赶紧找来纸巾擦拭鞋面，但无论怎样擦也难以将滴到鞋上的这层氟擦掉。

哎呀！怎么办？这可是刚刚才穿上脚没几天的新鞋，就这样扔掉实在是太可惜了。唉！我还是把它留着吧，说不定它自己会慢慢消失的。出于这样的想法，她便换下脚上的鞋子，把它放在了实验室的角落里，没有再去理会鞋面上的那层氟。

过了一段时间，她突然想起这双鞋，于是来到墙角把它们找出来，却意外地发现，那双鞋大部分地方都落满了灰尘，只有鞋面上一小部分干干净净的，一点儿灰尘也没有，那正好是滴了含氟溶液的地方。

研发人员在做实验时，不小心把几滴实验用的含氟溶液滴到了鞋子上。

“这是怎么回事呢？”她拿起鞋子仔细地查看，并自言自语，“这个地方曾经滴了几滴含氟溶液，难道是含氟的溶液起了作用，不让灰尘沾在上面，从而使鞋子的这个部位干干净净的？”

后来，她转念一想，以前，东西弄脏了，我们想到的总是去清洗，而从没想过什么措施可以让它不容易脏。如果有一种可以让灰尘沾不上去的涂料，那就用不着经常去清理灰尘了。尤其是那些很难清洗的部位，只要涂上这种涂料，不就省事多了吗？她还确定氟具有让灰尘沾不上去的功能。

第二天上班时，她把这个发现和自己的想法告诉了公司的主管。主管也认为这是个很有价值的发现，便立即组织一批专家开始对这种现象进行研究。

研究人员惊奇地发现，鞋面上滴了含氟溶液的部位比其他部位干净很多，没有沾染灰尘。

研究结果证明，氟是一种活性非常强的物质，而且分子结构紧密，它能与制成涂料的物质结合成致密的分子结构。如果在涂料中加入氟，将这种含氟涂料涂在物体表面上，涂料表面就会形成一层密实的膜。这层膜不仅会使表面变得较为光滑，不易摩擦起电，而且会使灰尘、水分等物质很难附着在上面。

获得这些有用的资料后，3M公司开始着力研制含有氟的新式涂料。经过一次次的试验，能够防尘的新式涂料就诞生了。含氟涂料一上市便受到人们的热烈欢迎，许多行业纷纷采用氟涂料，涂在物品上，使它在常温下形成极薄的低表面张力涂层。这种涂层具有优异的防水、防油、防尘性能及较好的防污效果。

现在，随着人们对新材料的不断研究开发和改进，有机氟涂料的研究越来越深入，性能也越来越优异。新式有机氟涂料不仅能防尘、防水，还具有耐高温、耐紫外光、防火阻燃、防污自洁、防粘耐磨等功能，可以广泛应用于模具、炊具、家电、机器设备等行业。与此同时，随着人们环保意识的增强，有机氟涂料也在朝着无污染、环保型的方向发展。

小意外大发明 | Xiao Yi Wai Da Fa Ming

东西脏了就洗，这是人类有史以来的习惯，但是很少有人想过用一种东西去防止它变脏。正是那些习惯思维，限制了人类的创造力。我们身边的习惯，真的是非那样不可吗？亲爱的朋友，你是否思考过这个问题呢？好好想一想，有时候打破习惯，也能引出大发明哦。

要在高山上煮熟东西不是一件容易的事，想知道这是为什么吗？看看帕潘在高山上煮土豆的故事就明白了。

19.能在高山上煮熟食物的锅

1680年的一天，英国皇家学会正在举行一场有趣的烹饪表演。昔日庄严肃穆的科学殿堂变成了一座“厨房”，一大群科学家围着一位“厨师”，好奇地看着他煮牛肉……这不是一幕滑稽电影，而是一次重要实验。

这位“厨师”名叫帕潘，其实他并不是什么厨师，而是一位物理学家。帕潘做饭用的锅有些特别，锅盖与锅体紧紧地旋在一起。帕潘在锅里放满了生牛肉，加水，放佐料，旋紧盖子，然后开始烧煮起来。

不一会儿，香味四溢，令人垂涎。帕潘打开锅盖，结果不但肉已熟透，连骨头都酥软了。这真是令人难以置信的奇迹！在场人员一边品尝，一边对这只不寻常的锅赞叹不已。

这只神奇的锅叫做高压锅，是帕潘在一年前研制成功的，它的发明是缘于一桩煮土豆的小事。

1679年的一天，帕潘去爬山，只带了一口锅和几个生土豆。到了山顶，他生火煮土豆，但过了很长的时间，土豆都没有煮熟。

奇怪！水明明沸腾很长时间了，土豆怎么还没熟呢？这个锅平时都能煮熟东西，怎么到了山顶就不中用了呢？帕潘怎么想也想不通，最后只好把土豆捞出，收起锅，下山

帕潘感到很奇怪，为什么锅子在高山上煮不熟土豆呢？

帕潘想到自己在不久前的一次实验中被一股很热的水蒸气烫伤了。

去了。

帕潘并没有忽略这件小事，而是带着疑问去请教英国的物理学家波义耳。波义耳告诉他，之所以在高山上煮不熟东西是因为山顶的气压太低了，水不到100℃就沸腾了，没有足够高的温度，所以才煮不熟土豆。

波义耳的话使帕潘想到了不久前自己做的一次实验。在那次实验中，水蒸气的温度特别高，结果把帕潘的手烫伤了。帕潘一直在琢磨其中的原因。现在他明白了，原来那次加热水的容器是密封的，水在沸腾的时候受到了压力，沸点升高了，所以蒸气才会格外的烫。如果把食物放在密闭容器里加热，它是不是会熟得比较快呢？

为了证实自己的想法，帕潘立即开始进行实验研究。他做出了一个密闭的容器，由于容器不漏气，里面的水温度升得很高，食物很快就被煮熟了。即使在高山上，用这种容器也能煮熟土豆。

就这样，帕潘发明出了世界上的第一个高压锅。它是一种锅盖扣紧后不能随便打开的锅，注水加热的时候，锅里蒸汽的压力会比外面大气的压力高。在这种锅里，水的沸点会高于100℃。在这种高温高压的环境中，食物很容易酥软熟烂。但由于这种锅散热不均，压力调节存在问题，时有爆炸事故，因此在很长一段时间内不受人重视。

1807年，制作罐头仪器的先驱尼古拉·阿佩尔在为拿破仑军队研究便于战时供给、不易腐败的食品时，又重新对高压锅产生了兴趣。阿佩尔先用压力锅煮好食物，然后放入瓶内密封，可保存较长时间不变质。19世纪末，小型高压锅广为人们利用，在水果、蔬菜的加工储存方面发挥了重要的作用。1917年美国农业部宣布加压装罐是低酸食品唯一安全的加工法后，高压锅大为风行。

后来，随着科技的发展，高压锅的制造工艺也不断改进，性能更加优越。使用高压锅不仅可以缩短烹调时间，用水较少，而且比一般烹调法更能保持食物的维生素和矿物质含量，尤其在高海拔地区更适用，能够解决由于大气压低而造成沸点降低的难题。今天，人们不仅用它蒸煮食物，许多医院还用这种锅为医疗器械和纱布棉花灭菌消毒呢。

小意外大发明 | Xiao Yi Wai Da Fa Ming

在高山上用普通的锅煮不熟土豆，原本是一件小事。但却引起了帕潘的深思。不仅如此，他还谦虚地请教别人，并积极地动脑思考，才发明出了高压锅。因此，要想获得成功，不仅要独立思考，还要多虚心向精通这门学科的人请教，这样，才会事半功倍、早出成果。

如今，袖扣是衣服上的重要装饰品，可是它最初出现在衣服上却是为了防止用袖子擦鼻涕……

20.能阻止擦鼻涕的袖扣

18世纪时，面巾纸还没有被发明出来，即使是刚刚出现的手帕也只是作为装饰品来使用，而且价格十分昂贵，并不是人人都用得起。所以许多人流鼻涕的时候，常常用袖口来擦，于是，袖口很容易变脏。

那时候的衣服和现在的不太一样，尤其是军人的服装。现在军服的袖口上一般有一排铜纽扣，那时候的军服的袖口上没有纽扣，擦起鼻涕来也很方便，只需轻轻一抬胳膊，就可以擦到了。

可为什么要在袖口上加上纽扣呢？据说这与法兰西帝国的皇帝拿破仑有着密切的关系。

拿破仑统治法国的时候，曾亲自率领法国军队翻越阿尔卑斯山脉，进入意大利作战，并取得了战争的胜利。

当战争结束后，拿破仑检阅参战部队时，发现很多士兵的袖口都很脏。

原来，在翻越阿尔卑斯山时，由于山上气候极其寒冷，法军当时穿的衣服又很单薄，所以许多士兵因此被冻得感冒了，经常流鼻涕。可是，他们又没有东西可以擦鼻涕，只好抬起胳膊用袖口擦，结果把袖口部位弄得很脏。

拿破仑在视察军队时，发现士兵用袖口擦鼻涕。

带有袖扣的衣服上市后，人们争相购买。

拿破仑治军历来十分严格，而且以注重军容著称。他认为，这样把袖口当手帕，将袖口弄得污渍斑斑，有伤大雅，有损军威。

于是，他叫来军需官，一同商议如何解决用袖口擦鼻涕的问题。

最后，经过商议，拿破仑想到了一个简单的解决办法：那就是在士兵每个袖口向上的一边钉三颗铜纽扣。

这样一来，当士兵再流鼻涕想用袖口去擦时，那三颗坚硬的铜纽扣就会阻碍他们的擦拭行为，而且还警示他们注意军容整洁。于是，士兵们渐渐改掉了用袖口擦鼻涕的习惯。

后来，拿破仑下令给士兵们发了手帕，用来擦鼻涕或作他用，同时也下令去掉了士兵们袖口上的铜纽扣。

不过，一位掌管文件的军官因为袖口的事件受到了启发。他认为在袖口向下的一边钉上几颗纽扣，可以减轻袖口接触桌面时的磨损。于是，他向拿破仑提出了新的钉袖扣的建议。

拿破仑一口应允，再次向军需官下达了钉袖扣的命令，不过这次袖扣只钉在军官的军服上。

于是，法国军官的袖口向下的一边袖沿上又都钉上了三颗纽扣。

衣袖上钉袖扣的办法后来传到了民间。由于袖扣能起到装饰作用，使衣服更加美观，所以这种钉袖扣的衣服很快流行起来，并且一直沿用至今。

如今，袖扣的材质多种多样，既有金属袖扣，也有塑料袖扣。它们都成了衣服的重要点缀，有时还作为一种品味或身份的象征。

小意外大发明 | Xiao Yi Wai Da Fa Ming

在这个有趣的故事中，几颗小小的扣子竟然能让那么多人戒掉用袖子擦鼻涕的坏习惯，并无意中带动了服装的革新，使袖扣成为衣服的重要装饰。所以，我们不能小看任何一个小小的创意，说不定有的就能为所有人的生活方式带来一次革新呢。

两片面包之间夹上肉和奶酪，再加上各种调味料，就变成了美味的三明治。这么简便的吃法是谁发明的呢?

21.牌桌上的三明治

三明治原本是英国东南部一个不太出名的小城镇。1762年，这个小镇因英国第四代三明治伯爵约翰·蒙泰格的一个重大发现而声名远扬。这一切都要从牌桌上说起。

约翰·蒙泰格是三明治伯爵家族的第四代。他平日里没有什么其他的爱好，经常闷在家里。有一次，蒙泰格的朋友们约他去贵族俱乐部玩桥牌。蒙泰格想到自己终日无他事可做，便随朋友去了。起初，蒙泰格对玩桥牌兴趣不大，因为那么多张牌转来转去常常使他感到头晕。但是，当他学会打桥牌后，便开始参与俱乐部成员的赌局，逐渐沉迷其中，难以自拔。

从此，他嗜赌如命，终日沉湎于桥牌之中，甚至梦里都是桥牌的影子。他常常约其他贵族老爷们到自己家中打桥牌，一打起来便几乎废寝忘食。每到这时，他的厨师就会万分苦恼，不知道该做出什么东西给伯爵吃，因为伯爵离不开牌桌，但也不能不吃东西。

有一天，蒙泰格又在兴致勃勃地和牌友们打牌，眼见快到午餐时间了。厨师在厨房里急得团团转。怎么办呢？伯爵已经一天没有离开牌桌了，也一天没有吃东西了。说不定，他已经饿得不行了。等他玩完牌，肯定要怪罪我没有及时给他做吃的。他不停地走来走去，做点什么呢？不能总做甜点，伯爵已经吃腻了。这次要变些什么花样呢……

就在厨师苦思冥想的时候，伯爵和他的牌友们仍旧在牌桌前斗牌。其实，他们已经感觉到饿了，但是谁也不愿意破坏兴致，放下手中的牌，尤其是蒙泰格。但是，饿的感觉越来越明显了。于是，在洗牌的间隙，蒙泰格把仆人叫来，吩咐他去厨房取些肉、香肠和面包来吃。仆人迅速赶到厨房，于是看到

厨师奉命为伯爵做出了三明治。

蒙泰格和牌友们都对三明治的味道赞不绝口。

了厨师着急的模样。

“伯爵要些肉、面包和香肠。看来，伯爵已经非常饿了。你赶紧做些送到牌桌上去吧。”说完，仆人就离开了。

难道伯爵只是需要这些吗？这些都是很简单的食物啊！怎么把它们做得很美味呢？及时做好了，伯爵怎么吃呢？他肯定不会离开牌桌的。厨师不敢多想，赶紧做好了肉，切好面包片，又把香肠放进托盘。然后，他就带着托盘来到了牌桌前。

当时，伯爵他们玩得正在兴头上，不可能放下牌来吃东西。等到洗牌时，蒙泰格才注意到厨师的存在。他看到了托盘里的东西，便命令厨师用面包片夹上肉和香肠，拿给他们吃。厨师照做了。蒙泰格和他的牌友们便一手拿着夹心面包，一手摆弄着桥牌。他们发现，这种吃法比较简便，而且“夹心面包”的味道也很不错。于是，蒙泰格吩咐厨师，以后他们玩牌时都要吃这种“夹心面包”。厨师心想，总吃这些东西，味道比较单一，营养也不够充分。我得想想怎么改进这种吃法。于是，他便想到了把不同种类的肉、蛋、蔬菜等夹进面包片，并且每次换一个口味。

伯爵和牌友渐渐喜欢上这种吃法，这种吃法也不断流传开来。后来，人们把这种面包片加肉等食物叫做三明治。由于这种食品制做简单，味道可口，富有营养，携带又很方便，因而受到普遍欢迎，后来由海员传播到了世界各地。

小意外大发明 | Xiao Yi Wai Da Fa Ming

约翰·蒙泰格伯爵舍不得离开牌桌，而无意间发现了面包夹肉的吃法。厨师受到启发，制作出了不同口味的三明治，得到伯爵等人的称赞。后来，三明治发展成为风靡世界的快餐食品。看来，如果我们能细心留意生活中一些小事，并多多动脑思考，就有可能有重大的发现。

倒啤酒时，酒杯里的小气泡会不停地向上冒，很快在杯口聚集成泡沫。这种情景对一般人来说太常见了，而对一个科学家来说就不同了。

22.啤酒气泡指示出新粒子

啤酒是人们非常喜欢的一种酒，因为它的酒精度数不高，而且味道别具特色，所以深得人们的喜爱。尤其是在炎热的夏天，许多人都喜欢喝冰凉的扎啤解暑。所以，啤酒冒泡也是人们常见的一种现象。可是，很少有人像格拉塞那么敏感，能从啤酒气泡中受到启发，发现许多新粒子，从而取得物理学上的重大成就。

格拉塞是20世纪美国著名的物理学家，自1945年起开始研究基本粒子，特别是奇异粒子。他广泛比较了当时用于这个领域的实验技术，制作了一些相关的仪器，用于发现并研究粒子运动。

格拉塞在喝啤酒时，想到了自己的试验研究，于是把啤酒放到了一边。

那么，啤酒是怎么给格拉塞以启发的呢？那是在1952年，格拉塞做完实验回到家里。他感到有些累，于是随手打开一瓶啤酒喝了起来。他一边喝着，一边想着白天为了探测高能粒子运动轨道所做的实验。由于集中精力去思考实验的细节，所以，等他缓过神来时才发现酒杯里已经没有多少啤酒了，剩余的酒里面气体差不多都跑光了。于是，他又倒入了一些啤酒，不一会儿，酒杯里又冒出了许多小气泡。等到这些小气泡消失了。他晃了晃酒杯，仍然有不少气泡冒出来。就这样，他像孩子一样玩弄起啤酒气泡来。

忽然，格拉塞产生了一个孩子气的疑问，真奇怪啊！啤酒里有那么多气泡，但是每次只出来一点点。怎样才能让藏着的气泡都跑出来呢？我不妨找些小东西，像打水漂一样试探试探。

于是，他找来一

些小小的米粒。当他把一个米粒扔进啤酒的时候，只见小米粒很快向下沉，周围接连出现了一串小气泡，这些气泡很清晰地显示出了米粒在啤酒中下沉时的路径。当他再次往酒杯里扔米粒的时候，又有许多气泡冒了出来。格拉塞似乎感受到了一种久违的童趣，不禁感慨："科学研究实在是一次次艰苦的跋涉，实验就像跋涉的脚步，举步维艰啊！一味地艰苦跋涉会累垮的，不如适时放松放松，玩玩小孩子的游戏。"

玩着玩着，格拉塞突然大拍脑门，如果对付那些难以捕捉的微小粒子，也能用气泡来显示它们的踪迹，不就能方便我们观察了吗？于是，他把剩余的啤酒一饮而尽，开始思考他的新试验。

从第二天起，格拉塞便开始动手研究，他把这一偶然中获得的灵感运用到探测带电粒子的研究中，很快研制出了一间气泡试验室。气泡试验室的妙处在于，当有粒子射入气泡室后，便可通过气泡来观察粒子的运动轨迹，科学家们便可以通过研究这些运动轨迹来推算这些粒子的属性。气泡试验室是一种装有透明液体的耐高压容器，里面的液体可以是液态氢、氦、丙烷、戊烷等，这些液体在特定的温度和压力下，如果突然减压，就会在短时间内处于过热的状态而不马上沸腾。如果这时有高能带电粒子通过液体，他们就会与液体原子发生碰撞而导致局部沸腾，逐渐以这些带电粒子为核心形成胚胎气泡。胚胎气泡在极短的时间内逐渐长大，并沿着带电粒子所经路径留下痕迹。如果这时把一连串的气泡拍摄下来，就能得到记录高能带电粒子轨迹的底片。格拉塞利用气泡试验室发现了很多的新粒子，并且因此获得了诺贝尔物理学奖。

格拉塞把一个小小的米粒扔进啤酒里，结果，小米粒周围顿时出现了许多气泡。

小意外大发明 | Xiao Yi Wai Da Fa Ming

米粒是不是很像小粒子呢？格拉塞之所以能发明出气泡试验室，也是因为发现小米粒和粒子有相似之处，才联想到用气泡来显示粒子的运动轨迹。可见，我们在遇到难题时，不妨先拿熟悉的事物作比较，也许从比较的事物中，能获得解决问题的灵感呢。

闻起来臭味熏人、吃起来香味浓郁的佳品当属臭豆腐了，它怎么会从普通豆腐变成臭豆腐的呢？

23.奇臭无比的臭豆腐

相传清朝康熙八年（1669年），安徽考生王致和赴京赶考，但不幸落第，闲在会馆中。他想回乡，但路途遥远，交通不便，而且盘缠不足；想留在京城继续参加科考，但距离下次科考还有很长时间。最后，王致和决定在京暂住一些时间，准备再考。为了生计，他开始想法做生意。

王致和出身于小商贩家庭，家境虽非贫寒，但也没有余钱可供消遣。王致和的父亲在家乡开有豆腐作坊，以卖豆腐为生。由于王致和在幼年曾跟随父亲学习过做豆腐。所以，他很快想到了做豆腐的生意。王致和在安徽会馆附近租了一个小店，购置了一些简单的家具。每天，他都要磨上几升豆子，做好豆腐后沿街叫卖。起初，豆腐生意不是很好，不过后来慢慢有了起色，于是王致和的生计逐渐有了保障。

很快夏天到了，天气一下子炎热起来，使得当天卖剩下的豆腐很快就发霉了。眼见许多豆腐都这样浪费掉，王致和感到很心

王致和不忍心将卖剩下的豆腐扔掉，于是就把它们一起放到坛子里腌制起来。

疼。于是，他苦思对策。最后，他想到了一个办法：就是先将这些豆腐切成小块，再把它们放在阳光下晾晒一段时间，然后一起装入坛子里，最后再用盐腌制。

此后，王致和暂时歇业，重新攻读圣贤书，渐渐把豆腐的事情给忘了。

待到秋高气爽，王致和又想重操旧业，再做豆腐生意。突然，他想起自己前段时间腌制的那些豆腐。我怎么把它们给忘了呢？它们肯定已经坏了。看来，我还是把这些豆腐糟蹋了。想到这里，王致和心中有些自责。

王致和的臭豆腐深受广大劳动人民的喜爱。

很快，他找到了那个坛子，当他打开缸盖时，一股臭气扑鼻而来。王致和将东西取出一看，豆腐已经变成了青灰色。还是先尝尝味道，确定不能吃了再扔吧。他拿起一块豆腐吃了起来，不料这种豆腐在臭味之余却蕴藏着一股浓郁的香气。

没想到，小小的豆腐会变成这种闻着臭吃着香的怪豆腐。虽然这算不得美味佳肴，却也风味独特。于是，他把剩余的这些豆腐送给邻居们品尝。起初，人们对它敬而远之，一闻到臭味便拂袖远离。后来，有人出于好奇，便捏着鼻子尝了一点，结果大赞味道香浓。其余人见状，也纷纷上前尝试，结果都对这种豆腐称赞不已。

王致和灵机一动，不仅为它起名为“臭豆腐”，还开始了制作这种豆腐的生意。臭豆腐刚在市面上出现时，百姓们对它是不理不睬，后来，百姓们在品尝到它的香味后，便竞相购买。臭豆腐价格低廉，可以佐餐下饭，非常适合底层劳动人民食用。后来它的独特风味也吸引了越来越多的达官贵人，所以臭豆腐销路渐广，生意日渐兴隆。王致和靠卖臭豆腐挣了不少钱，生活渐渐好了起来。

后来，王致和再次参加科举考试，结果依旧落榜。渐渐地，他对科举不再热心，而是专心做起豆腐生意来。他先是扩大豆腐作坊的规模，后又不断改进臭豆腐的制作工艺。渐渐的，臭豆腐的生产规模变得更大，质量变得更好，声名远播。清朝末期，臭豆腐传入宫廷。传说，慈禧太后在秋末冬初喜欢吃臭豆腐，还将臭豆腐列为御膳小菜，但是嫌它的名称不雅，便按着它青色方正的特点，为它取名为“御青方”，民间称作“青方”。

小意外大发明 | Xiao Yi Wai Da Fa Ming

食物变质能酿成酒，豆腐变质能制成臭豆腐，这都是小意外中的大收获。但是，我们并不提倡刻意去使食物变质以获得什么重大收获，只是通过小故事告诉大家，故事主人公这种敢于创造、勇于尝试的精神和努力克服困难的决心是非常值得我们学习的。

我们生活中的自行车、街灯、暖气管等物品都是焊接而成的。大家知道现在普遍使用的电阻焊是怎样发明出来的吗?

24.奇妙的焊接新方法

焊接是一种通过加热、加压或两者并用使两个工件接连在一起的加工工艺和联接方式。焊接时可以填充或不填充焊接材料，也可以连接同种金属、异种金属、某些烧结陶瓷合金和非金属材料。

焊接技术是随着金属的应用而出现的。早在公元前3500年，各式各样的焊接方法便已经通行世界各地了。

古代的焊接方法主要有铸焊、钎焊和锻焊。例如，中国商代制造的铁刃铜钺就是铁与铜的铸焊品；春秋战国时期王侯宝座上的盘龙通常都是分段钎焊而成的；战国时期的许多刀剑都是经过加热锻焊而成的。

汤普森教授一边演讲，一边做示范。

由于古代焊接技术长期停留在铸焊、锻焊和钎焊的水平上，使用的热源都是炉火，温度低、能量不集中，所以无法用于大截面、长焊缝工件的焊接，只能用以制作装饰品、简单的工具和武器。

如今，人们普遍使用的焊接方法是电阻焊，它是由美国的汤普森教授在1887年发明出来的。谈到它是如何被发明的，我们得从一次演讲意外讲起……

1886年的一天，美国费城的富兰克林科学博物馆里正在进行一次演讲。台上的汤普森教授正在讲解电学方面的知识。他一边演讲，一边做示范。

这样的讲解与示范对于汤普森教授来说早已是轻车熟路，几乎在睡梦中都能操作自如。但是，这一天却发生了一点小意外。

汤普森教授从摩擦起电讲起，后来讲到什么是电荷、什么是电阻、电流是怎样产生的，最后又讲到高压电。

他一步步演讲，一步步做示

突然，两条金属线的接头粘在一起了，汤普森教授怎么也拉不开它们。

范。在示范高压电时，汤普森为了使观众对高压电的性能有一个认识，他不惜用了两条通电的金属线。由于汤普森教授在示范过程中时时望着台下的观众，一不小心竟然把两条金属线碰到了一起，结果怎么也拉不开它们了。

怎么回事？它们不应该粘在一起啊？汤普森顾不得继续演讲了，而是仔细地观察起两根金属线来，他发现那两条金属线已经完全熔合在一起了。

汤普森恍然大悟，一定是两条电线碰到一起发生短路了，产生的热量使两条线焊接到了一起。一定是这样！

此时，台下的观众却对台上发生的小意外感到很迷惑，更不清楚愣在那里的汤普森教授此时的心情，只是静静地等待汤普森教授继续演讲。

汤普森得到了自己想要的答案后，便回过神来打算继续演讲。这时，他才意识到观众一直在密切注意着自己的一举一动，满脸疑问。

汤普森很快向观众们道了歉：“很抱歉，各位。刚刚出了一点点小意外。现在没问题了，我们继续。刚刚我讲到……”

演讲结束后，汤普森迅速回到自己的实验室，做了几次同样的试验，证明自己的想法是完全正确的。

于是，他从中受到启发，将这种原理应用到了焊接技术中。

汤普森将两个焊件组合后，通过电极施加压力，利用电流通过焊件接头的接触面及邻近区域产生的电阻热量进行焊接。

这样，一种新的焊接方法——电阻焊就诞生了。

电阻焊具有生产效率高、低成本、节省材料、易于自动化等特点，因此广泛应用于航空、航天、能源、电子、汽车、轻工业等各个工业部门，属于重要的焊接工艺之一。

小意外大发明 | Xiao Yi Wai Da Fa Ming

汤普森在作演讲示范时意外地发现两条金属线焊接在了一起，从而发明出了“电阻焊”焊接方法。在这个故事中，汤普森曾经多次做过同样的示范，却都没有什么新发现，直到意外的发生。可见，即使是再熟悉的事物，也有未知的一面。我们要善于从细微处去探索未知。

如今，电话已经成为我们生活中必不可少的通讯工具，千里甚至万里“音缘”都可以用一线牵起来了。

25.千里“音缘”一线牵

电话的发明并不是哪一个人的功劳，而是大批学者共同努力的结果。1861年，德国一名教师发明了最原始的电话机。这台电话机利用声波原理可以在短距离内互相通话，但是却无法投入真正的使用。于是，如何把电流和声波联系在一起实现远距离通话成为当时许多发明家期待解决的难题。

早在1876年以前，许多科学家都已经在理论上对这种通信方式进行了说明。后来，一个叫做贝尔的美国人在一次小意外中成功发明出了世界上第一台实用的电话机。

1871年，贝尔从苏格兰回到美国，任波士顿大学音响和生理学教授。贝尔的父亲是著名的语言学家，也是聋哑人手语的发明者。贝尔的妻子就曾是他的学生，一位耳聋的姑娘。贝尔在致力于研究声学和教授哑语之余，还潜心研制一种多路传输的电报系统。

1873年的一天，贝尔和他的助手沃森分别在邻近的两个房间配合做一项试验。由于机件发生故障，沃森无意中碰到了电报机上的铁片，铁片在电磁铁前不停地振动。这

沃森无意中碰到了电报机上的铁片，铁片在电磁铁前不停地振动，使贝尔房间的电报机的一块铁片产生了同样的振动。

一振动产生了波动的电流，电流沿着导线传播，使贝尔房间的电报机的一块铁片产生了同样的振动。

贝尔细心地察觉到了这种振动发出的微弱声，由此受到启发，心想，如果能把声音的振动变成电流的振动，说不定就能把声音用电线传送出去了。自此以后，贝尔和沃森便开始了相关的试验研究。

1875年6月，贝尔和沃森利用电磁感应原理，试制出世界上第一部传递声音的机器——磁电电话机。这种电话机的工作原理是：对着这部电话机的话筒说话，话筒底部的金属膜片就会随着声音产生振动，从而带动一根磁性簧片振动，使电磁线圈中产生感应电流；电流通过导线传到接电话的一方，使受话器上的膜片产生相应的振动，从而把话音还原出来。

1876年2月14日，贝尔向美国专利局递交了专利申请书。但是直到1876年3月10日这一天，这台电话机才开始工作。

当时，贝尔和沃森又在两个相邻的房间做实验。忽然，贝尔不小心打翻了蓄电池的硫酸液，眼见硫酸液溅到脚上，他痛得难以忍受，不禁对着话筒大叫着："沃森，快来帮帮我！"

不料，这句求助的声音竟成为世界上第一句由电话机传送的话音，因为沃森从听筒里清晰地听到了贝尔的救助声。不过，最初发明的电话机十分简单，只能向一个方向传话。

1877年，美国波士顿出现了试验性的电话局，首次架设了电话专用的路线，人们可以利用电话给《波士顿环球报》发送新闻消息，开创了公众使用电话的新时代。

1878年，爱迪生研制出碳精送话器，他的这项发明使电话的性能大大提高。直至今日，我们的大部分电话机使用的仍是碳精送话器。1880年到1890年间出现了一种"共电式电话机"，可以共同使用电话局的电源。这项改进使电话结构人人简化了，而且使用方便，拿起手机便可呼叫。

随着电子技术的飞速发展，现代的电话机品种和功能已今非昔比。除传统的人工电话、自动电话外，还出现了许多特种电话，如录音电话、书写电话、电视电话、无绳电话和移动式电话等等。

沃森竟然在另一个房间的电话听筒中清晰地听到了贝尔的求助声。

小意外大发明 | Xiao Yi Wai Da Fa Ming

贝尔在研究电报机工作原理的小意外中受到启发，开始研究如何使声音的振动转变为电流的振动，从而发明了世界上第一台实用的电话机。可以说，他的成功并不是一次侥幸，而是他在试验研究中的执著、细致入微的观察和运用联想性思维的结果。

19世纪，书写工具发生了一次历史性的革新，钢笔取代羽毛笔成了人们重要的书写工具……

26.签合同签出的钢笔

人类最早可能是用手指蘸上植物汁或血液来写字的，后来人类用中空的芦草和灯芯草秆代替手指来写字。约公元前1300年，希腊人用削尖的骨头或青铜杆在蜡板上刻字。大约3000年前，中国人使用毛笔书写方块字。公元前500年，用削尖的鹅毛或火鸡的羽毛制成的笔已经相当普遍。

19世纪初，英国出现了把墨水注入笔杆的贮水笔。在早期的贮水笔中，墨水不能自由流动。写字的人压一下活塞，墨水才开始流动，但是写一阵之后又得压一下活塞，否则墨水就流不出来了。这种笔使用起来虽然比以往的羽毛笔要方便一些，但是墨水供应始终是个难题，而且还容易出现墨水滴落纸面的情况。有时，这种情况能带来很大的麻烦，比如发生在美国人瓦特曼身上的意外。

瓦特曼是美国一家保险公司的经纪人。1883年的一天，瓦特曼正在聚精会神地和一位客户洽谈生意。一切看起来都那么顺利，眼看又一笔生意即将到手，瓦特曼瞧准时机递过去一支蘸水笔请对方签字。谁料不早不晚一大滴墨水偏偏这时候从笔尖上滑落下来，合同的封面上立即增添了一个醒目的大污点。瓦特曼想为客户换一份合同书，但是客户却认为出现这样的事情很不吉利，无论瓦特曼怎样解释愿意给予对方更为优惠的条件，可是客户仍然毫不犹豫地步入了另一家经常和他竞争生意的保险公司的门槛，于是这笔生意就告吹了。

客户正在签合同时，突然一团墨水滴在了合同上。

瓦特曼在回家的路上，一想到自己费了很多的口舌才说服客户投保，最后却因为一滴墨水而前功尽弃，就气愤不已。

“都怪这支破笔，使我的努力白费了。不行！我一定要做出一种不会漏出墨水的笔。”

瓦特曼一怒之下决定放弃自己已经营十多年的保险业务，要凭借自己在大学时代曾显露过的物理才华，去发明一种新型的笔。这种笔在书写过程中既要流畅自如，又不能在笔尖不触及纸时肆意乱滴墨水。

瓦特曼不畏困难，发明了带有不漏水笔尖的自来水笔。

为此，瓦特曼做了无数次的试验，光试验用掉的笔尖就超过了1000个，但他从来没有想过要放弃。在经历很多次失败以后，瓦特曼从物理学的“毛细现象”中得到了启示。他先用一根头发般的细管子将墨水从笔囊引向笔尖，然后再用另一根同样的空心细管将外界的空气引向笔囊，这样，在相同的大气压强下地球重力和毛细管的吸引力就平衡了，墨水在笔尖未接触纸面时也就不会随意流淌下来。另一方面，一旦笔尖触及纸面，这种平衡就会被打破，墨水随着笔尖在纸上的移动则形成墨迹。

这种钢笔一上市，就受到了人们的关注，并马上被广泛地应用起来。1883年，瓦特曼提出专利申请，后于1884年2月12日取得了专利权。

瓦特曼发明的钢笔笔端可以卸下来，墨水可由一根小滴管注入，使用起来很方便，也解决了墨水随意滴下的问题。同时又增加了钢笔的艺术价值。例如，钢笔上的绳索纹路、笔尖与笔杆紧密结合、笔夹上有两个树枝状分叉，等等。

小意外大发明 | Xiao Yi Wai Da Fa Ming

笔尖漏下的一小滴墨水毁掉了一笔生意，这的确是一件令人气恼的事！可是，瓦特曼并没有只顾着抱怨运气不好，而是积极地想办法去彻底解决这个问题，最终发明出了不会漏水的自来水钢笔。可见，只有勇敢地面对困难，并积极地想办法去解决难题，才会获得成功。

巧克力与微波炉有什么关系呢？难道仅仅是“把巧克力放进微波炉里加热，巧克力就会熔化的关系”吗？想知道答案，看看下面的故事是怎么说的吧。

27.巧克力熔化引出微波炉

微波炉是一种用微波加热食品的现代化烹调灶具。用微波炉烹饪食物，不仅速度快，节能省电，而且还可以保持厨房的清洁。但是，你可能想象不到，发明微波炉的灵感竟然来自于一块熔化的巧克力。

自1940年起，珀西 · 史宾塞开始担任美国雷声公司新型电子管生产技术的负责人。由于天资聪颖，勤奋好学，他先后完成了一系列重大发明。当时，英国科学家们正在积极从事军用雷达微波能源的研究工作，研制磁控管。由于当时英德正在交战，英国科学家无法在本国内生产新产品，于是寻求与美国合作。

1940年9月，英国科学家带着磁控管样品访问美国雷声公司时，与史宾塞一见如故。史宾塞极力促成了英国和美国雷声公司共同研制磁控管并最终获得成功。在这次共同研制磁控管的过程中，一块巧克力的熔化使史宾塞萌生了发明微波炉的念头。

有一天，史宾塞去参观实验室。当他站在一台驱动雷达的磁控管前进行研究时，突

史宾塞发现口袋里的巧克力熔化了。

然觉得有点饿，于是想拿早上放在上衣口袋中的巧克力来吃。

当他把手伸进口袋时，却意外地发现，巧克力不知什么时候熔化了，黏糊糊地粘在口袋上。与史宾塞一同在实验室的研究人员都认为，试验室太热了，所以才使巧克力熔化的。但是，史宾塞却不这么认为。他认真地观察了周围的环境，忽然看到了正在发射强大电磁波的雷达。

史宾塞根据微波的热效应原理发明出了用于烹饪食物的微波炉。

是不是磁控管发出的微波使巧克力熔化的呢？

想到这里，斯宾塞便产生了亲自实验的念头。他回到家后马上开始了实验研究。

有一次，他把一袋玉米粒放在波导喇叭口前，然后观察玉米粒的变化。他发现玉米粒与放在火堆前一样。第二天，他又将一个鸡蛋放在喇叭口前，结果鸡蛋受热突然爆炸，溅了他一身。这更坚定了他的论点：微波确实具有热效应，能使周围的物体发热。而且，微波的热效应产生的热量与其他热源产生的热量完全不一样。用微波加热食物，可以使食物里外同时受热，从而更节省热量和时间。

于是，史宾塞将这个重大发现报告给公司，雷声公司受史宾塞实验的启发，决定与他一同研制能用微波热量烹饪的炉子。几个星期后，一台简易的炉子制成了。史宾塞用姜饼做试验。他先把姜饼切成片，然后放在炉内烹饪，试验炉子的性能。在烹饪时，他多次调控磁控管的功率以选择最适宜烹饪的温度。不一会儿，饼香四溢。

于是，雷声公司投入研制微波炉，于1947年推出了第一台家用微波炉。可是这种微波炉体积大，成本高，寿命短，因而销路不好。

1905年，另一个发明家乔治·福斯特对微波炉进行大胆改造，与史宾塞一起设计了一种耐用且价格低廉的微波炉。

1967年，微波炉新闻发布会兼展销会在芝加哥举行，获得了巨大成功。从此，微波炉逐渐走入了千家万户。

小意外大发明 | Xiao Yi Wai Da Fa Ming

对于巧克力熔化的原因，史宾塞没有盲目地认同其他人的观点，而是仔细观察、认真思考，从而发现微波的热效应，制造出了世界上第一台微波炉。由此看来，凡事多动脑筋想一想，认真观察并努力探求事情真相，最后不仅能解决问题，还会有意外的收获。

陶器是中国的特产。它历史悠久，据考证，它最早出现于远古时代的黄帝时期。有人追溯它的发明过程，谁知它竟然意外产生于一次烧鱼的过程……

28.烧鱼烧出的陶器

陶器是指由黏土或以黏土、长石、石英等为主的混合物，经成型、干燥、烧制而成的制品的总称。在中国史前社会的5000年中，陶器一直是中国先民日常生活中的主要用品。从出土的陶器和碎陶片中可以看到，早期的陶器大部分是红陶、灰陶和黑陶。

陶器的发明说明人类文明的进步，表现了人类能利用自然物，按照自己的意志，创造出一种崭新的东西。但在大约5000年前，到底是谁最先制造出陶器，又是用什么方法做成这么薄的陶器呢？我们目前也许还得不到准确的答案。不过，在众多古书上却一直流传着烧鱼烧出陶器的说法。

据古书记载，首先发明制陶工艺的是一个名叫宁封子的人。宁封子是上古时期黄帝身边的能工巧匠，能帮助黄帝制造各种精巧实用的东西。

有一次，宁封子从河里捉了许多条鱼回来。他把这些鱼放在火上烤着吃，可是却不小心烧过头，结果，鱼全部被烧焦了。宁封子很生气，因为他辛辛苦苦捉回来的鱼却成了焦炭似的鱼干。于是，他一怒之下顺手把剩下的几条鱼通通裹上厚厚的泥巴，直接扔

宁封子一怒之下，把剩下的几条鱼裹上泥巴，都扔进了火堆里。

宁封子用泥壳盛水，发现水竟然一点也没有漏出。

进了火堆里。

这时，黄帝派人来找宁封子外出办事。宁封子便丢下鱼，匆匆忙忙地随着来人走了。

三天过后，宁封子回来了，看到了院子里有一堆土灰。这才猛然想起自己烧鱼的事。他记得自己离家前，曾经往火堆里扔过鱼，也不知道鱼怎么样了。他翻开灰堆，发现里面早已没有鱼的踪影，只剩下一个光光的泥壳。他本想把泥壳扔掉，却发现泥壳比较坚硬，而且形似碗状。于是，他想，干脆用这种泥壳来盛水吧。

于是他拿着其中一个泥壳来到了河边，并用它盛满了水，结果水一点也没有漏出来。宁封子意识到可以用这种方法烧制一些可以装水的东西。

于是，他找来各种各样的东西，并试着把它们裹上泥巴扔进火堆里烧。为了能获得质地更好的烧制品，宁封子不厌其烦地做了许多次试验。期间他遇到了许多困难，经历了无数次失败。但是，他却丝毫没有打退堂鼓，而是坚持到底，直到掌握了烧制工艺，烧制出了一批批精美的、实用的烧制品。这种烧制品便是我们所说的陶器。

宁封子认为，制陶工艺是上天对人类的恩赐，应该让众人分享。于是，他把制陶工艺公之于众，并精心教授众人制陶。

在远古时代，陶器的发明和使用大大改善了人类的生活条件，使人类的生活趋于稳定，并推动了人类文明的发展和进步。制陶工艺也随着时代的发展不断改进，从新石器时代风格粗犷朴实的灰陶、红陶、白陶、彩陶到商代的釉陶，再到唐代的唐三彩，陶器在制作技术和艺术创造上达到了前所未有的高度。陶器的发展也催生了瓷器，并且和瓷器一同被列为中国工艺品中的奇葩，闻名于世。

小意外大发明 | Xiao Yi Wai Da Fa Ming

宁封子从烧鱼的意外中发明了陶器并掌握了它的制作方法，这一过程经历了无数困难。但是，他始终没有放弃，最终制作出了精美实用的陶器。由此可见，意外有时可能是人生中的机遇，只有把握机遇，不畏艰难、坚持不懈地追求目标，才会获得成功。

电冰箱在现代人的生活中已占据了很重要的位置，它具有冷冻、冷藏等功能，可以使食品保鲜，那么它神奇的制冷效果最初是怎样研制出来的呢?

29.神奇的制冷技术

早在3000多年前，人们就懂得制作天然冰，用冷冻的方法来使食物保鲜了。《诗经》中有奴隶们冬日凿冰储藏，供贵族们夏季饮用的记载；《周礼》中曾记载“祭祀共冰鉴”。“鉴”其实就是盒子，它里头放冰，再将食物放在冰的中间，起到对食物防腐保鲜的作用。“冰鉴”也许就是人类使用的最早的“冰箱”了。

西方许多国家也出现过这种类似的“冰箱”。但是，天然冰受各种条件制约，并且不容易获得。所以，自19世纪开始，许多科学家相继投入到对人工制冷技术的研究中。

1822年，英国物理学家、化学家法拉第实验发现，一些气体在加压后不用冷却就会变成液体，在常温条件下也会变成液体并吸收大量的热。

这一发现一公布便引起了美国一位叫做高莱的医生的注意。高莱想利用这个原理制造出人造冰，用来保存针剂，以免针剂在炎热的天气下变质。

有一天，高莱正在实验室用乙醚做制冰实验。正当实验进行到一半的时候，突然来了一个急诊病人。高莱立即放下手上的实验物品，离开实验室，直奔急救室。由于他走得太匆忙了，忘了关掉实验用的机器的电源。

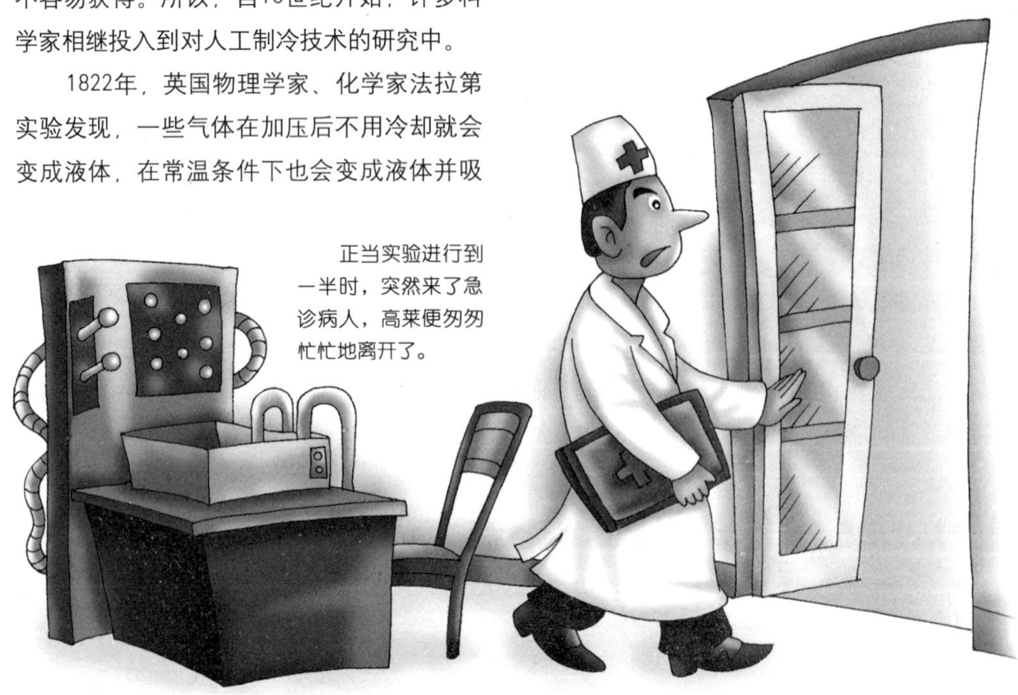

正当实验进行到一半时，突然来了急诊病人，高莱便匆匆忙忙地离开了。

等到高莱做完急救手术赶回实验室时，却惊奇地发现，亮晶晶的冰块已经被机器制造出来了。

高莱激动万分，立即着手分析实验的整个过程，并重新做了几次相同的实验，终于掌握了人造冰的制作原理。

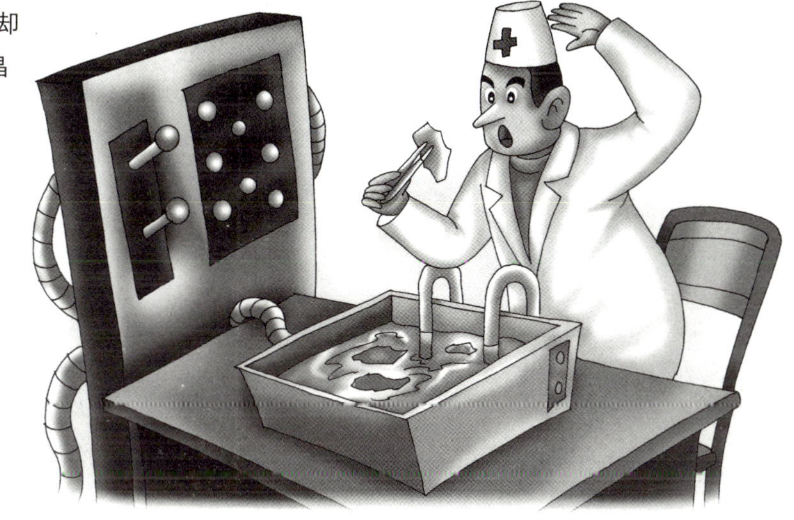

高莱返回实验室时，惊奇地发现机器已经制造出晶莹的冰块了。

后来，许多科学家根据高莱的发现制作出了各种各样的制冷机器。

1879年，德国工程师卡尔·冯·林德制造出了世界上第一台冷冻机。它是利用液态氨的工作原理来进行制冷的。当液态的氨从一个小孔中喷出以后，立即开始蒸发，大量的热在这个过程中被散失了，这样，机械内部的温度也随之大幅度降低，从而完成了制冷工作。但是，这种冷冻机由于价格昂贵，所以当时没有推广开来。

进入20世纪后，制冷技术日渐成熟。制冷机在得到不断改进和完善的基础上取得了长足的发展。

20世纪20年代，瑞典工程师布莱顿和孟德斯发明了世界上第一台具有现代意义的冰箱。它利用制冷剂的状态变化过程中的吸热现象，在不间断的气液循环中不断地吸热和防热，将冰箱内部热量不断地转移到箱外，从而达到制冷的目的。这种冰箱利用电动机带动压缩机工作，从而使冷藏箱中的物体得到制冷，因而它可以被称作“电冰箱”。

最初，电冰箱的电动压缩机和冷藏箱是分离的，后者通常是放在家庭的地窖或贮藏室内，通过管道与电动压缩机连接，后来压缩机和冷藏箱合而为一，外观就像我们现在所见到的电冰箱。

后来，随着制冷技术的发展以及新材料的发明和使用，工程师们在压缩式“电冰箱”的基础上制造出了各种各样的现代冰箱。

小意外大发明 | Xiao Yi Wai Da Fa Ming

高莱最初只是出于保存针剂的目的而产生了制造人造冰的想法。为此，他密切关注现有的相关科学成果并积极利用，动手实验。一次“意外”给了他机会，他积极着手实验，最终发现了人造冰的制作原理。看来，他的成功并不是运气所致，而是他长期努力的结果。

大家都穿过用“魔鬼粘”来代替鞋带的鞋子吧？“刷”的一声粘上去，又“刷”的一声撕下来，使用“魔鬼粘”可比系鞋带方便多了。

30.甩不掉的魔鬼粘

不知你是否注意过，以前人们穿的衣服上那些需要随时开启闭合的地方都是用纽扣或者拉链来解决的。而近年来，一种尼龙制品逐渐取代了一部分纽扣和拉链的地位，“粘”上了人们的衣服，给人们带来了很大的便利。

这种尼龙制品便是“魔鬼粘”。“魔鬼粘”是由一位名叫麦斯楚的瑞士工程师发明的。据说他发明“魔鬼粘”的灵感完全来自于甩不掉的芒刺。

麦斯楚回到家后，发现衣服上沾满了芒刺。

我们到野外游玩时常常会有这样的经历。当穿越田园或草地回到家后，我们会发现衣服上、裤子上粘附着许多芒刺。这些芒刺就像胶水一样粘住衣服不放，人们需要费很大的工夫才能把它们清除干净。

古往今来，很少有人注意到这种讨人厌的芒刺会有什么特别的地方。但是，麦斯楚却从中获益匪浅。

1984年的一天，麦斯楚到森林里去跑步。当他停下来歇息时，意外地发现衣服上面粘了很多的芒刺。于是，他脱下衣服，用力拍打这些芒刺，想将它们清除干净。但他很快发现，这个办法行不通，那些芒刺就像长在了衣服上一样。

看来只能一个一个地拔掉了。麦斯楚一边想，一边动手拔芒刺。

拔着拔着，他突然感到非常好奇，为什么芒刺会这么难拔呢？

当时，天已经快黑了，麦斯楚眼见衣服上的芒刺拔不完了，只好穿着粘满芒刺的衣服回家了。

第二天，麦斯楚一早醒来便想到了芒刺的问题。他想，它的奇特之处在哪里呢？先拿到显微镜底下看看吧！于是，他拿着粘有芒刺的衣服直奔实验室。他想弄清楚这些芒刺究竟有什么魔力，为什么粘上之后那么难拔。

到实验室后，麦斯楚取下一根芒刺，放在显微镜下仔细地观察起来。他发现，这些芒刺的末端长着像小钩子一样的倒勾刺，一旦粘在衣服上，就紧紧地勾在上面，所以不容易脱落。

原来如此！既然芒刺这么爱粘衣服，那么或许可以用芒刺和布料相互粘连的原理，制作出一种新式按扣呢！

想到这一点，麦斯楚马上开始研究起来，一研究就是8年。在这8年时间里，麦斯楚做了大量的实验，不断地研究和修改样品，最后经过不断的努力，终于用尼龙作材料，做出了一种橡胶带一样的东西。

这种东西一面是无数的小钩钩，另一面则是许多小环孔。人们只需要将两面一按，它们就能紧紧地粘在一起，而稍微用力一拉，两面又能随之分开。

麦斯楚为他的新发明取名为“VELCRO”，也就是我们现在所说的“魔鬼粘”。魔鬼粘大大方便了我们的生活，它耐用，易撕拉、好清洗，而且还可以被设计成不同的颜色和形状，所以一经上市就很快得到推广。

如今，人们的衣服、鞋帽、表带、背包，甚至汽车、飞机、太空装等许多物品上都带有魔鬼粘，魔鬼粘真的像魔鬼一样无处不在，“打”入了人们的生活。

麦斯楚把芒刺放到显微镜下观察，结果发现芒刺的末端都长着小钩子。

小意外大发明 | Xiao Yi Wai Da Fa Ming

如果你的衣服上粘了芒刺，你会怎么办呢？你是感到烦恼，觉得自己真够倒霉的，还是像麦斯楚一样，能通过这种偶然的小现象，发明出非常有价值的东西呢？我们可以从这个故事中看出，始终保持一种善于发现、善于研究和善于创造的心是引领我们走向成功的重要条件。确实，我们的生活常常会有许多看似不如意、不完美的事物或现象，如果我们具备猎取的眼睛和勤于思索的大脑，很可能会发现其中隐藏着一些值得探寻的秘密。

花盆打碎了，也只是满地碎片和泥土而已，这些与混凝土有什么关系呢？

31.碎花盆引出混凝土

“万丈高楼平地起”，今天，一座座高楼大厦拔地而起，成为城市村镇的代表性建筑。它们都是由混凝土建筑而成的，那么混凝土又是由什么组成的？又由谁发明的呢？你绝对想不到，这一切竟然与碎花盆密切相关，原来混凝土的发明最初仅仅是为了制造更结实的花盆。

19世纪中期，法国有一个叫莫尼尔的人，他非常喜欢养花种草。他的家里有一个非常漂亮的温室，里面栽种了各种各样的名贵花草。由于在当时所有的花盆都是用瓷做的，所以莫尼尔每次搬动花盆时都会小心翼翼，因为他曾不小心打碎了一些花盆，结果那些花盆里的名贵花草都死掉了。为此，莫尼尔万分苦恼。因为瓷器属于易碎品，瓷制的花瓶难免会被打碎。于是，他想到换一种原料来制造花盆。

莫尼尔亲手制做了一些木制花盆。这种花盆虽然没那么容易打碎，但是经过日晒雨淋，很容易腐烂掉。很快，莫尼尔又想到了用水泥制作花盆。他买来一些质量比较好的水泥，并将它们用水和好，然后制作了几个水泥花盆。等到水泥花盆风干后，莫尼尔

莫尼尔在搬花盆时，有时会不小心将瓷花盆打碎。

便急切地跑过去，搬起花盆一个个地看，结果，一不小心让水泥花盆与墙角碰了一下，没想到花盆一下子就碎了。原来用水泥做的花盆，虽然很坚硬，但是却很容易破碎，它甚至比陶瓷还要脆弱。

莫尼尔为此变得垂头丧气的。想不到，自己的两次尝试都以失败告终。干脆放弃吧。莫尼尔想到这里又觉得不甘心，既然做了就不能半途而废，我一定能制作出耐用的花盆来。

下定决心后，莫尼尔开始仔细观察起水泥花盆的碎片来。他发现这些碎片较大，也许用铁线把它们拴牢了还可以用。"下次再制作的时候就用铁线把花盆牢牢地固定住，是不是效果会更好呢？"想到这里，莫尼尔便开始动手做了。他先用一些铁线把水泥花盆团团围住，然后又在花盆的外面涂上一层水泥把铁线包起来。结果，这种水泥花盆比开始制作的那一种要耐用多了，而且还不容易破碎。后来，莫尼尔索性用一些比较粗的铁线制作成花盆的骨架，然后再给这些铁架涂上水泥，等到水泥风干以后，一个既美观又坚固的花盆便呈现在眼前。

后来有一次，莫尼尔在制作这种花盆时发现水泥不够用了，他便把一些砂土混进水泥里面，制作出了几个小花盆，并把它们与那些只用水泥制作的花盆一起放在了矮矮的支架上。

待花盆都风干后，他又小心地把它们挨个搬到温室去。等到支架上只剩下两个花盆时，莫尼尔一不小心碰倒了支架，花盆应声落地。莫尼尔赶紧去看，结果发现其中一个出现了细微的裂痕，但是另一个看起来却完好无损。"为什么两个花盆的情况不一样呢？"他感到很纳闷。突然，他看到了旁边的砂土，又回头看了看两个花盆。原来，其中一个偏小，正是他后来用砂土和水泥做的。看来，用砂土和水泥做的花盆更结实。这种花盆一面世，就受到人们的热烈欢迎，许多人纷纷仿效。

后来，莫尼尔的发明引起了当时俄国的建筑学家别列留夫斯基的浓厚兴趣，他认为莫尼尔发明的这项技术完全可以用到建筑上。于是，混凝土就这样诞生了。

莫尼尔用铁丝和水泥制作新式花盆。

小意外大发明 | Xiao Yi Wai Da Fa Ming

容易碎裂的花盆给莫尼尔带来了很大的烦恼，所以他想尽办法制作新的花盆。经过多次的试验，他最终用砂土和水泥混合制成了结实耐用的花盆，混凝土便这样诞生了。仔细想一想，我们生活中是否也有一些东西需要改进呢？如果我们抱着积极的态度去探索、去创新，相信一定会有重大发现的。

活字印刷术是闻名世界的中国四大发明之一，你知道它是怎样被发明出来的吗?

32.碎泥板引出活字印刷术

早在公元前，中国人便已经懂得印章捺印的方法，后来又发明了拓印碑石的方法，到隋代时又创制出了雕版印刷术。与以前的手写传抄手段相比，雕版印刷术大大节省了人力和时间，为书籍的生产和知识的传播起到了重大的推动作用，极大地丰富了人们的文化生活。

但是，雕版印书必须一页一版，有了错字也难以更正。雕刻一部大书，需要耗费大量的时间和木材，这不仅支出庞大，而且储存版片要占据大量空间，管理起来也有一定的困难，因此非常不方便。不过，这个问题在北宋初年就被解决了。因为一个叫毕昇的人从一次意外中获得启发，发明了活字印刷术，解决了雕版印书的诸多问题，提高了印书效率。

毕昇是杭州一家普通印书作坊的刻字工人。因为那时候的书都是靠雕版印刷印出来的，为了印一本书，作坊得雇一大批刻字工人，每天起早贪黑地在木板上刻字。一页纸需要刻一张板，一本几万字的书，得刻几千张板，所以需要耗费大量的人力和时间。有

一本书刻印好后，印书作坊里常常要扔掉很多印板。

时候，刻板工人不小心刻错一个字，这块印板就得重刻。如果书印完了，整批印板就报废了。有的工人因为工作辛苦，把眼睛都累瞎了。

有一次，毕昇在刻模板的时候不小心刻错了一个字，结果整个模板报废了。想着一个上午的辛苦劳动全都白费了，毕昇忍不住抱怨起来：“真是倒霉透顶了！”他索性停下手中的刻刀，看看其他工人，大家都在专心地刻板，个个小心翼翼。看到大家都在这么大的压力下工作，毕昇不禁感叹：“如果有一种新的灵活的制版方法就好了！唉！”没过多久，那本书印完了，印书作坊的老板指着那些用完了的模板说：“你们把这些废木板扔出去吧，它们已经没用了！”毕昇看着堆得高高的印板，很难过，心想，我们刻得那么辛苦的模板仅仅只用了一遍，就扔掉了，多可惜呀！于是，他对站在一旁的伙计说：“雕版印刷这么不方便，不如我们想办法改进一下吧！”伙计一听大笑起来：“这种方法已经用了很多年了，不是我们想改变就能改变的。”听了这些话，毕昇并没有放弃这个想法，而是时刻留意周围的事物，希望可以从中找到一种新的方法。

有一天，毕昇经过一家制陶厂。他看到工匠们先用柔软的泥巴制成各种形状的容器，然后再把它们放到火里烧，没过多久，泥巴容器就变成坚硬的陶器了。毕昇心想，如果可以把字刻在泥巴上，然后把泥板放到火里烧硬，再用来印刷，那样就能省时省力省钱了！而且万一字刻错了，还可以在软泥上改。他把这个想法说给作坊里的工人听，结果被大家嘲笑了一番，因为自古以来根本就没有人用泥来做印板。面对众人的冷言冷语，毕昇没有退缩，而是虚心向制陶工匠们学习烧制技术。

一次，毕昇不小心把一块精心烧制出来的泥板给打碎了。看着地上的碎泥板，毕昇灵机一动，他在每一个小泥块上刻了一个字，再把它们烧成了一块块的小砖，然后把它们按顺序固定在放有融化的松脂和蜡的铁板上，这样，一块活字印版就组成了。用这种方法印出来的字很清晰，而且等书印完了，还可以把铁板烧热，使松脂和蜡融化，然后再把一块块的活字拿下来，重新组成新的版面，反复使用。毕昇的发明，不仅方便，还大大降低了印刷的成本，没过多久，这种新方法就广泛流传开来。

毕昇受到碎泥板的启发，做出了第一块活字印板。

小意外大发明 | Xiao Yi Wai Da Fa Ming

在遭到别人嘲笑的时候，毕昇并没有退缩，而是坚持按照自己的想法去做，最终发明出了活字印刷术。可见，当我们大胆地去做一些创新时，不要被外界所左右，一定要相信自己并坚持到底，那样就一定会有所收获的。

如果说全世界的人平均每天都要喝掉上亿杯可乐，你肯定不会怀疑；如果说可口可乐是由头痛药变来的，你会相信吗？

33.头痛药变来的可口可乐

19世纪80年代，美国亚特兰大的一个小药店里诞生了一种头痛药。这种头痛药一上市，就立即受到了公众的欢迎。后来精明的商人艾莎·甘特对它做了大量的广告宣传，使它逐渐发展成了风靡世界的流行饮料。它就是可口可乐。它的发明者就是这家药店的老板约翰·彭伯顿。

彭伯顿是一位著名的药剂师。他常常配制一些药剂，用来治疗头痛、感冒、消化不良等疾病。

1886年的一天，彭伯顿在实验室试制出一种糖浆，他和助手为这种糖浆起名为可口可乐（Coca·cola）。其实，“coca”和“cola”分别是产自南美洲的古柯叶和非洲的古拉果，它们是制成可口可乐的原料。从古柯叶中提取的汁具有独特的滋味，而长得像咖啡豆的古拉果内含有咖啡因，具有提神的效果。当时彭伯顿为糖浆起这个名字只是为了叫起来好听。

最初，可口可乐糖浆作为一种饮用剂只在药店里销售。人们喝过

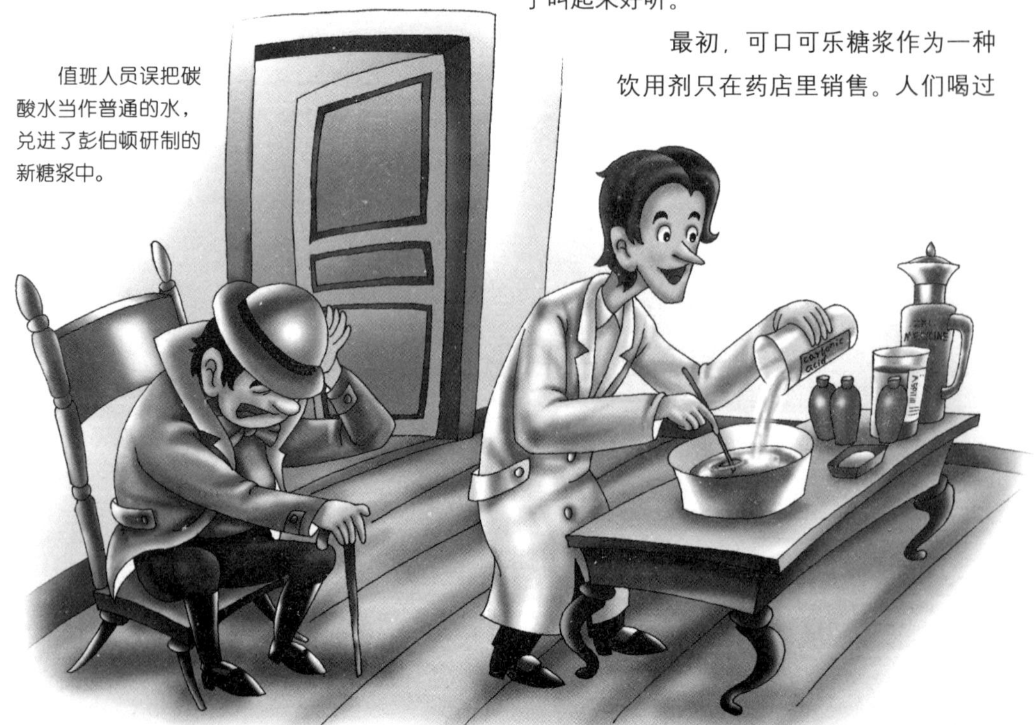

值班人员误把碳酸水当作普通的水，兑进了彭伯顿研制的新糖浆中。

后，不仅觉得神清气爽，还能减轻头痛。

一天晚上，药店已经关门了。突然，外面响起了一阵急促的敲门声。值班人员打开门一看，原来是一位头痛病人前来买可口可乐糖浆。但是，柜台上的糖浆在白天已经卖光了。由于病人头痛症状比较严重，值班人员只好四处寻找，看一看有没有留存的糖浆。

彭伯顿和值班人员感觉新配制的可口可乐好喝极了。

后来，他终于找到了小瓶。但是，这种糖浆较浓，需要兑水饮用。值班人员赶紧兑好糖浆，递给了病人。头痛病人饮用了这种糖浆后，感觉味道不错，头痛也减轻了很多。他还希望再多买些回去喝。这时，值班人员才意识到自己配错了药，误把碳酸水当作普通的水兑进了糖浆。所以，他心中也比较忐忑不安，生怕病人出现什么意外的症状。于是，他心怀不安地对病人说：“很抱歉，先生。今天药店里最后的一点糖浆已经被你喝了。如果你还想买，请明日再来吧。”病人没有强求，稍作休息后便离开了。

第二天一早，值班人员赶紧把前一晚上发生的事情告诉了彭伯顿。但是，彭伯顿却不像值班人员那么惊慌，因为他深通药理，很清楚这种配制是不会影响人们的健康的。

“难道糖浆兑上碳酸水真的很好喝吗？”彭伯顿心存怀疑，便赶到实验室，很快调配好糖浆，并取出一些与碳酸水调配，然后进行品尝。

味道确实不错，比糖浆好喝多了！也许这样调配能促进糖浆的推广呢。于是，彭伯顿先后试配了几次，最后调配出了味道最佳的可口可乐糖浆，并为这种新式糖浆取名为“可口可乐提神健身液”。

很快，药店门前出现了“可口可乐提神健身液”的招牌。人们品尝过这种健身液后，纷纷称赞不已。可口可乐逐渐成为彭伯顿发明的治疗头痛的药水原浆及其饮料的新名称。

后来，美国商人艾莎·甘特见到可口可乐商机无限，就买下了可口可乐的全部股权，成为可口可乐的主人，他经过大量市场宣传和广告推广，最终使可口可乐成为风靡世界的流行饮料。

小意外大发明 | Xiao Yi Wai Da Fa Ming

彭伯顿是一个药理知识丰富的药剂师。他获悉病人喝了配错的头痛药后觉得味道不错，于是联想到制作“可口可乐”。他将糖浆与碳酸水进行精心地调配，最后发明出了可口可乐。可见，生活中的误打误撞并不完全是件坏事，只要认真思考、细心揣摩，说不定就会有大发现。

在古代，人们寄信是不需要贴邮票的。但是自邮票诞生后，不贴邮票的信却寄不出去了。究竟是谁发明了邮票，使邮票和信紧密联系在一起的呢？

34.投机取巧引出的邮票

《万国邮政公约》规定：所有国家必须在本国发行的邮票上印上国名，但是英国除外。这是为什么呢？因为英国是世界上第一枚邮票的诞生国。邮票的发明者是一位名叫罗兰·希尔的英国爵士。据说他是受了一次偶然事件的启发，从而发明邮票的。

早在邮票诞生以前，人们就已经开始收发信件了。那时，邮信的人不用花钱，都是收信的人来付钱，而且邮资也很高。

1838年的一天，罗兰·希尔在郊外散步。他走到一个庄园前不远处时，看到一个邮递员将一封信递给了一个小姑娘。小姑娘接到信后只往信封上看了一眼，便把信交还给了邮递员。她说："对不起，先生，我付不起邮资，请把信退回去吧。"

"那我不是白跑了一趟吗？政府明文规定，收到信后必须付邮资。因此，你必须付邮资。"邮递员不甘心地说。很快，他们俩便吵了起来。

罗兰·希尔觉得很奇怪，于是走上前去，替小姑娘付了邮资，然后把信递给了小姑娘。小姑娘接过信后，向罗兰·希尔表示

小姑娘把信封的秘密告诉了罗兰·希尔。

感谢："谢谢你，先生。其实，这封信已经没有用了，因为信封里根本没有信。"

"你怎么知道的？"罗兰·希尔奇怪地问道。这时，邮递员已经离得很远了。小姑娘便向罗兰·希尔讲出了隐情："这封信是我的未婚夫寄来的。他现在部队服役。由于邮资太贵了，为了节省邮资，我们之间曾经有过这样的约定：如果他在寄来的信封上面画圆圈，就表示他现在身体安好，一切如意。这个信封上画着圆圈，所以我知道他现在很好，就不想取信，这样就可以节省邮资了。"

罗兰·希尔听了小姑娘的话后，心中久久不能平静。小姑娘投机取巧节省了邮资，一方面显示了小姑娘的聪明，另一方面也反映了当时邮政制度的不合理。于是，他决定制定一个新的科学的邮政收费办法。为此，他进行了大量的调查和研究，并大胆向议会提出了三条建议：一是大幅度降低邮资，二是按重量计费，三是邮资改为寄信人预付。

罗兰·希尔又想，寄信人预支了邮费，怎样在邮件上表示出付了邮费，并知道付了多少呢？做简单的记号，那会给一些人造成可钻的空子。做复杂的记号也行不通，因为不同重量的邮件费用不同，许许多多的记号又会带来混乱啊！经过苦苦思索，他终于设计出能完美地解决这些问题的办法，那就是在信封上贴上一种特殊凭证，即邮票。

1839年，英国议会采纳了罗兰·希尔的建议，并拟定了下一年的财政预算，呈交维多利亚女王批准公布。

1840年1月，维多利亚女王予以批准；同年5月，英国邮政管理局发行了世界上第一枚邮票，邮票上面清晰地印着维多利亚女王的侧面浮雕像。这枚邮票用带水印的纸印刷，正面标有"邮政"字样，背面涂有背胶，普通面额的邮票为黑色，面额高的邮票为蓝色。邮票发行后，因使用方便而受到人们的普遍欢迎，得到大面积的推广。1848年，英国发明家亨利·阿查尔发明了邮票齿孔打孔机，制作出了有齿邮票。1854年，英国正式发行了有齿邮票。不久，有齿邮票在全世界范围内推广开来，并沿用至今。

小意外大发明 | Xiao Yi Wai Da Fa Ming

罗兰·希尔从那个小姑娘投机取巧拒付邮资的事情中，意识到了当时邮政制度的不健全，并决心进行改进，从而发明出了邮票，解决了人们邮寄难的问题。我们也不妨仔细观察一下周围，看看有什么不合理的事情。只有不断地观察并发现生活中存在的问题，才会有发明创新的灵感。

如果我们生病了，感染了炎症，医生常常会为我们输青霉素药液，可你知道这种抗菌消炎的青霉素是怎样出现的吗？

35.无意培养出来的青霉素

20世纪40年代以前，人类一直没有找到一种能高效治疗细菌性感染且副作用小的药物。如果有人感染了病菌，便只能痛苦地等待死亡。为了改变这种被动的局面，许多科学家一直潜心研制抗菌消炎的药物。

一个偶然的机会，青霉素诞生了。青霉素是一种高效、低毒、临床应用广泛的重要抗生素。这种高效、低毒的药物一经推出便很快普及，它不仅挽救了许许多多身患重症的病人，同时也催生了抗生素家族的其他许多成员。

青霉素的发现者是英国生物学家弗莱明。1928年弗莱明正在实验室里从事研究杀灭细菌的工作。他研究的主要对象是葡萄球菌。葡萄球菌对人类的健康存在着极大的威胁，它可以使人的伤口发脓、腐烂，最后致人死亡。

为了找出杀死葡萄球菌的办法，弗莱明往培养葡萄球菌的玻璃器皿里倒入了许多药剂。他想看看哪一种药剂能把葡萄球菌杀死。不过，虽然他试验过许多种药剂，但始终没有找到能够杀死葡萄球菌的办法。

这一天，弗莱明像往常一样来到实验室。当他准备开始当天的实验时，却突然发现一个培养葡萄球菌的玻璃器皿里竟然长出了一层青色的霉菌。

弗莱明发现，在一个培养葡萄球菌的玻璃器皿里面竟然长出了一小撮青色的霉菌。

他仔细察看后才想起来，原来他昨天离开时忘了给这个器皿盖上盖子，使葡萄球菌接触了空气，从而长出了另外一种霉菌。

糟糕！难道实验被我搞砸了吗？弗莱明心里很懊恼。

不行，在重新做这个实验之前，我得

好好看看到底是什么霉菌在这里捣乱。弗莱明一边想一边走到培养葡萄球菌的玻璃器皿前。细心观察了一会儿，结果让他非常吃惊，在青绿色霉菌的周围，原来生长得好好的葡萄球菌全部消失了！

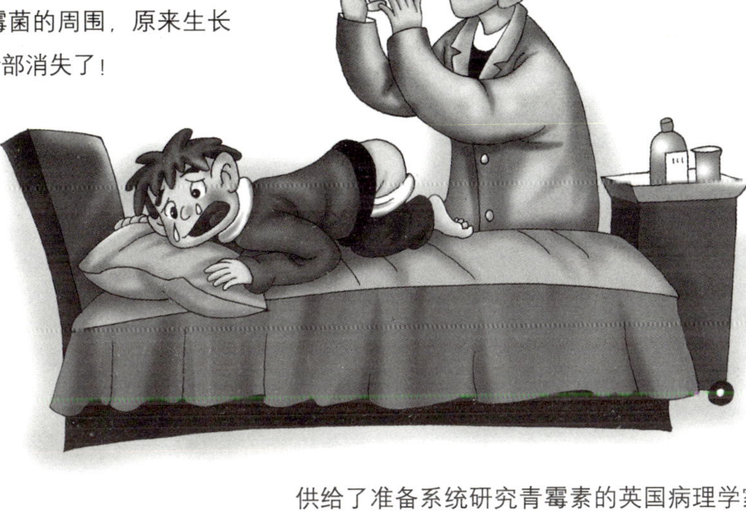

青霉素具有良好的消毒杀菌作用，因而在临床上应用非常广。

难道是这些青色霉菌杀死了这些葡萄球菌吗？这个念头一闪而过，弗莱明立即意识到自己有了重大发现，一定是这种霉菌分泌的某种物质抑制了葡萄球菌。

于是，他开始对这种青色霉菌进行了培植。由于当时不知道这是什么细菌，只因为它呈青绿色，弗莱明就把它叫作青霉菌。

几天以后，青霉菌很快繁殖起来。弗莱明对它进行了多次试验：他先用吸管吸取了一滴带有葡萄球菌的溶液滴进青霉菌的培养器皿中。几个小时之后，所有的葡萄球菌全部死亡了。紧接着，他又把白喉菌、链状球菌等其他病菌放进去做试验，结果发现大部分细菌很快就全部死亡了。这些实验表明，这种青霉菌具有抗菌作用。弗莱明将青霉菌分泌的抑菌物质称为青霉素。但是，他一直没有找到能提取高纯度青霉素的方法。

1939年，弗莱明将他培养的青霉菌种提供给了准备系统研究青霉素的英国病理学家弗洛里和生物化学家钱恩。

弗洛里和钱恩经过多次实验，终于通过冷却干燥法提取出了青霉素晶体，并将它应用到动物身上进行观察实验，结果证明青霉素确实具有抗菌作用。但是，个别人会对青霉素过敏。所以，病人在使用青霉素前必须做皮试。

1942年，美国制药企业开始大量生产青霉素。青霉素的推广使用挽救了第二次世界大战中无数的伤病员，青霉素的发现与研制成功，被称作医学史上的奇迹。

1945年，弗莱明、弗洛里和钱恩因为“发现青霉素及其临床效用”而共同荣获了诺贝尔生理学或医学奖。

小意外大发明 | Xiao Yi Wai Da Fa Ming

弗莱明在培养有害菌的实验中意外地培养出了青霉菌。如果换成是别人，很可能会觉得这些青霉菌是实验失败的产物。但是，弗莱明却没有就此放弃，而是仔细观察和研究这种新发现，最终发现了青霉素。其实，失误并不可怕，可怕的是不懂得如何从中总结经验教训。

今天，我们可以利用各种相机在相纸上留下生活中的美好瞬间。你知道，这么神奇的照相技术是怎样发明出来的吗？

36.无意中发明的照相技术

在照相机发明以前，人们只能通过画家手中的画笔，来实现留住美好形象与画面的愿望。所以，很多珍贵的人类历史画面未能保留下来。很多世纪以来，发明家们尤其是画家一直在探索，如何保留真实的影像。

16世纪初，意大利画家根据小孔成像的原理发明出了一种“摄影暗箱”。但“摄影暗箱”只会投影，仍需要用笔将投影的像描绘下来。

后来，又有人对“摄影暗箱”进行了改进，然而，这时候的“摄影暗箱”虽然具有照相机的某些特性，但仍然不能称为照相机，因为它仍不能将图像记录下来。

18世纪中叶，人们发现了感光材料，尤其是感光物质碘化银的发现，对照相机的诞生起了极大的促进作用。

于是，有人在“摄影暗箱”上安装了镀银感光片，至此诞生了人类历史上第一架真正意义上的照相机。

谈到照相机就不得不谈照相技术的发明者——19世纪的法国画家达盖尔，是他无意间发明出了照相技术。

有一次，达盖尔无意中把一把银勺放在了用碘处理过的金属板上。一段时间过后，达盖尔重新拿起银勺时，意外地发现：这块金属板上留下了勺子的影子。

达盖尔意外地发现用碘处理过的金属板上出现了勺子模糊的影像。

达盖尔经过多次实验，终于发明出了最早的照相技术。

达盖尔顿时激动万分，他意识到自己可能发现了新的感光材料。

于是，他开始对这一现象进行研究。后来，他又专门磨制了金属板并在上面涂碘，再用镜头进行拍摄，果然拍下了影子。

有一天，他随手把一些实验用的底片放进了箱子里。几天后，当他取出那些底片时却发现上面出现了清晰的影像。

这是怎么回事？达盖尔感到很好奇，随后又发现箱子里还放有一些化学药品。

会不会是这些化学药品使底片感光，出现影像的呢？

想到这里，达盖尔决心找出那种化学药品。他每天晚上将一张底片放在箱内，第二天再放进底片时取出一种药，看看是哪一种药取出箱子后底片不再显像，从而找出显影药品。但直到箱内药品全部取完，底片依然显像如故。

后来他仔细检查箱子，发现箱内有些洒了的碘。于是达盖尔又对碘进行化验分析，最后证实，是碘蒸汽使底片显示出了清晰的影像。

紧接着，达盖尔又做了大量相关的实验。他把曝光的底片放在暗盒里，并且用碘蒸汽熏，结果底片上慢慢地出现了影像。于是，最早的照相技术就这样诞生了。

后来随着感光材料的发展和新技术的采用，照相技术不断得到改进 各种各样的照相机也层出不穷。

今天，我们可以轻松地使用照相机留住生活中的每一个真实、美好的瞬间，这一切都要感谢达盖尔。

小意外大发明 | Xiao Yi Wai Da Fa Ming

达盖尔在金属板上意外地发现了银勺的影像，从而激发了他对感光材料的研究兴趣，最终发明出了照相技术。其实，生活中任何一个变化都蕴藏着一个大发现，如果我们认真去思考和探索，就一定会有所收获的。

糖精是糖的替代品，比糖还要甜上百倍，但是没有营养价值，不过却能使食物变甜，使不能吃糖的人品尝到甜味。

37.误沾在手指上的糖精

糖精是从煤焦油中提炼出来的，属于一种古老的甜味剂。糖精的主要成分是糖精钠，甜度是蔗糖的300～500倍。糖精不易于被人体代谢吸收，因此糖尿病人可以放心食用。

说起糖精的发明，还有一段十分有趣的故事！

1879年，俄国化学家法柏格和美国著名的化学家雷姆森一起研究学习。当时，他们有一间设在约翰·霍普金斯大学的实验室。法柏格常常一个人到实验室里研究新课题。

有一天，法柏格做了一项关于防腐剂和食物保存剂的实验。实验过程中，他使用了许多种化学药品，进行了各种各样的尝试。当他做完实验，抬头看墙上的钟表时，已经是晚上8点了。他突然想起，今天是他的生日，家里来了许多客人，而妻子早晨还特别嘱咐他晚上早些回家。于是，他穿上外衣，匆忙地赶回家去。

法柏格正在专心地做有关防腐剂和食物保存剂的实验。

法柏格舔了一下手指，发现手指是甜的。

甜味的地方，那正是他用手端盘子的地方。他试探性地舔了舔手指，结果发现甜味果然来自自己的手指。

这是怎么回事呢？法柏格左思右想，突然想到了自己的实验。肯定是我在实验过程中，不小心手上沾了某种化学物质。这种化学物质具有甜味。但是，我确定它肯定不是糖。那么，它是什么呢？

法柏格将自己所做的实验回忆了一番，但是一时难以理出头绪来。第二天一早，法柏格就跑到实验室。他认真核查了实验记录，分析了每一种可能带有甜味的化学药品，结果发现甜味竟然来自于一种化学药剂的混合物。

很快，法柏格根据这种混合物的制作方法制作出了新的甜味剂，由于这种甜味剂比糖甜许多倍，因此被命名为糖精。法柏格把糖精拿到市场上进行销售，受到了人们的喜爱。在很长一段时期内，糖精都是世界上唯一大量生产与使用的合成甜味剂，尤其是在第二次世界大战期间，糖精在世界各国的使用明显增加。

1879年，法柏格在美国获得了发明糖精的专利权。1886年，他迁居德国，在德国建立了世界上第一个糖精厂，开始了批量的糖精生产。

一进门，亲友们都向他祝贺。一阵寒暄之后，法柏格的妻子忙着往桌上端菜。法柏格接过妻子端来的热气腾腾的香酥鸡和牛排，请大家品尝。

“好甜的香酥鸡呀！”一位朋友突然说。

“炸牛排也是甜的。”又有人说。

法柏格的妻子疑惑地给客人们更换了新餐具……

晚餐结束了，客人们告别了，法柏格夫妇坐在沙发上，谈论着那个奇怪的甜味是怎么来的。

“我没有加过糖！”妻子解释说。

那么，甜味来自哪里呢？法柏格看了看晚餐，又看了看餐具，发现盘子上有一块带

小意外大发明 | Xiao Yi Wai Da Fa Ming

法柏格没有忽略手指上有甜味这样一件微不足道的小事，而去认真追究甜味的来源，从而发明了糖精。可见，不放过身边出现的任何一次特殊的现象，由此认真思考，探索其原因，即使是小意外也能引出大发明。

放眼望去，城市大街路面都比较平滑，这是因为上面铺有一层柏油，你知道这层柏油最初是谁洒到路面上去的吗？

38.油桶洒出柏油路

据说，古代巴比伦王国的主要大街——仪仗大道是世界上最早的柏油路。这条大道由大块砖头和天然沥青铺成，道路中间是残损不全的沥青路面，尽管经历了近3000年的风吹雨打，可路面依然保存完好。

19世纪中叶，柏油路开始在世界范围内遍布开来，而这一切与仪仗大道毫无关系，其真正原因却只是源于一次意外的柏油洒落事件……

1849年的一天，瑞士一个名叫马利尔的矿工开车去送柏油。他一边在公路上开着车，一边欣赏路边的风景。货车上载满了柏油桶，以至于车厢后门都难以关严，只好半掩着。由于路面比较颠簸，马利尔怕油桶从车厢中滚出，所以开车的速度比较慢。

突然，他发现前方路面中央出现了一片坑坑洼洼的地方，货车很难避开。于是，他便放慢车速，小心地从上面驶了过去。正当他以为安全通过，准备加速时，却发现路面上平躺着一只柏油桶。

“糟糕！还是不小心掉落了一只桶！”

马利尔急忙踩住刹车，不料又有一只油桶滚落到路面上。

马利尔气急败坏地下了车，先把刚刚掉落的油桶费力地搬进车厢，然后又跑向远处

马利尔走到油桶旁边时发现，柏油洒得到处都是。

那只油桶。突然，一股柏油味扑鼻而来。他跑到近前一看，那只油桶的口不知什么时候开了，柏油洒在了路面上，把路面都弄黑了。最重要的是，许多柏油白白损失了。马利尔简直气坏了。

车子行驶在铺了柏油的公路上，不再像以前那么颠簸了。

“怎么就这么倒霉！我可怎么向客户交差啊？”

抱怨了几句后，马利尔走到油桶旁边，想把油桶扶正，再想法处理这些洒掉的柏油。突然，他的脚不小心踩在了柏油洒过的路面上。

抱怨的话正要出口，却突然打住了，代替的却是马利尔奇怪的表情。他感觉柏油洒过的路面比较硬而且平滑，踩在上面很舒服。

咦？太奇妙了！马利尔又踩了踩柏油洒过的路面，如果整条路上都洒上柏油，那么路面就平滑多了，我们开车的时候也不会那么颠簸了。

怕耽误了送柏油的时间，马利尔也不敢多想，只是小心地把路面上的油桶搬回车厢，然后继续小心地开着车。到了目的地后，他向客户讲述了自己的遭遇，并且把自己的想法提了提，也把自己的发现告诉了周围的人。

其他人都觉得很好奇，也许新的柏油路真的能使公路变平滑，那样，他们以后赶路就方便多了。

随后，马利尔又把自己的想法上报了瑞士政府部门，提出了用柏油铺路的建议。

政府人员认为：虽然马利尔的想法很大胆，但是合乎逻辑，不妨先在几条道路上试验试验。

不久，几条车道都铺上了柏油。人们感觉到，开车奔驰在铺有柏油的路上果然比过去平稳多了，车也不那么容易坏了。于是，瑞士交通部门决定，在全国各条马路上统统铺上柏油。就这样，柏油路流行起来，后来其他国家也纷纷效仿。

小意外大发明 | Xiao Yi Wai Da Fa Ming

马利尔觉得洒了的柏油使路面变得平滑，于是产生了把整条路都铺上柏油的大胆想法并报告给了政府部门，从而使柏油路得到大面积的推广。从这个故事中我们可以看出，针对特殊现象大胆想象，开阔思路，便能想出发明的好点子。

大家有没有注意到，现在许多水壶和锅盖上都有一个小孔，你知道这个小孔有什么用处，又是怎么来的吗？

39.扎坏了的水壶盖儿

早期的水壶都有一个盖子，盖子可以把水壶盖得严严实实的，烧水时，壶盖儿常常在水蒸气的冲击下蹿上去，然后又很快地落下来。所以，人们烧水时常常会听到水壶盖儿与水壶的撞击声。后来，一次意外的发生，改变了这种状况。

这个故事发生在日本。1910年的一天，一个名叫福安雄的青年在家中休息。他不幸患上了肺病，所以只能在家养病，不能外出工作。

这天，福安雄正躺在床上休息，由于不知道什么时候才能康复，所以他比较烦恼，开始抱怨起自己的病情来。

此时，炉子上正烧着一壶水。火炉上的水早已经烧开了。壶盖儿自然而然地与水蒸气“玩游戏”，不停地发出“锵锵锵……”的声音。

福安雄刚刚一直沉浸在自己的哀怨情绪

福安雄躺在床上休息时，听到了水壶不停地发出恼人的声音。

中，等他稍一回过神来后便听到了这种响声。

其实，他对这种响声已经习惯了，因此并没有感到有什么稀奇。但是，这次正赶上他心情不佳，所以福安雄捂着耳朵，大声地喊：“吵死了！”

可是，“锵锵锵……”的声音并不会因为他的怒吼而停止。

福安雄忍无可忍，伸出双手，在床边翻找可以用来发泄的东西。

忽然，他摸到了一个锥子，于是顺手向水壶扔了过去……

这下，“锵锵锵……”的声音没有了！福安雄深吸了一口气，再次躺了下来。

这个锥子还真有用，把那个可恶的声音给消掉了。但是，它是怎么做到的呢？

福安雄禁不住好奇心的驱使，从床上爬起来，走到火炉旁。结果，他发现：水壶盖儿被锥子扎了一个小洞，水蒸气正从小洞中不停地向外冒，却不再冲击壶盖儿了。

这可太有趣了！想不到一个小洞也具有这么大的作用！福安雄精神为之一振，也许这是一个大发现呢！

于是，他拖着生病的身体四处推广他的新发现。

后来，日本一家制壶公司知道了这件事，经过慎重考虑，用巨款买下了福安雄的创意，然后开始生产盖子带有小孔的水壶。

果然，这种水壶一上市，就受到了人们的欢迎。人们竞相购买，互相讲述小孔的神奇效果。就这样，带有小孔的壶盖儿声名远播了。

后来，人们在锅盖上也“开”了一个小孔，起到了重要的作用。

福安雄发现，水壶盖因为被锥子扎了一个洞，水蒸气可以从洞中冒出来，所以不再与壶口撞击，恼人的声音也消失了。

小意外大发明 | Xiao Yi Wai Da Fa Ming

一个小洞竟然“消掉”了恼人的声音，使壶盖儿停止了跳动，给人们的生活带来了便利。所以，不要小看生活中任何一个小小的创意，很多大发明都是从这样的小创意中引发出来的。所以，注意观察生活，开动脑筋，想想有什么需要改进的地方，也许你也能有所发明创造呢。

今天，牛仔裤是年轻人最喜爱、最常穿的裤装。你肯定想象不到，它最初竟然是由帐篷布改制而成的。

40.帐篷布改制成的牛仔裤

19世纪50年代，有人在美国西部的旧金山发现了金矿，于是欧洲大批的淘金者涌向了那里。

李维·施特劳斯是其中的一个。他最初想做一名淘金者，后来又改变主意卖帆布，结果这门生意也失败了。不过，他因为这次失败而发明了牛仔裤，并一举成了百万富翁。

李维·施特劳斯出生在19世纪30年代的德国，曾接受过几年学校教育，后因家境贫寒而辍学，到父亲的杂货店干活，维持生计。

1850年，美国西部的旧金山地区涌起了淘金热。李维·施特劳斯也想去碰碰运气，于是他飘洋过海，来到了当时还是一片荒凉的旧金山。没想到这里已经聚集了好多人，他根本竞争不过别人，就只好放弃了淘金的打算。

李维·施特劳斯生性乐观，头脑灵活。他见淘金不成，却又不想马上离开，于是就想了想有什么别的生意可做。因为人多的地方，生意总是比较好做，而且荒凉的西部物资缺乏，正好具有很大的商机。

他想，这里的淘金者实在太多了，他们好像都没有固定的住处，应该都睡帐篷吧。如果用帆布做些帐篷来卖的话，他们一定会

李维·施特劳斯像其他淘金者一样怀抱着淘金梦来到了美国西部的旧金山地区。

李维·施特劳斯发明的工装裤深受淘金工人的欢迎。

买的。于是他开始做起了帐篷生意。

李维首先到远处买了一大批帆布，然后运到旧金山。但是，等到他回到旧金山时却发现，淘金者们早已把帐篷搭好，开始干活了。

眼见帆布堆积如山，无人前来购买，李维万分焦急，一时不知如何是好。但是，他又不甘心这样失败，于是暂时在工地住了下来，等待新的商机。

有一天，李维跟一位淘金者闲聊时提起了这件事。

淘金者说："我们现在最需要的不是那些帆布做成的帐篷，而是耐用的长裤。你不知道，我们下到矿坑里工作时，所穿的长裤太薄，一点都不耐磨，没穿几天就被磨破了。"

一句话点醒梦中人。李维突然想到了那些帆布。他想，帆布是一种耐磨的布料，用帆布做成的长裤肯定耐磨，一定会受到淘金者们欢迎的。

于是，他迅速找来了裁缝，把积压的帆布连夜赶制成了不同尺寸的长裤。后来，他发现这些裤子的缝线很容易绷开，于是在缝线处又铆上了钉子，使接缝处更加结实。

裤子做好后，李维把它们拿到工地去卖。由于这种长裤既耐用，又美观，而且价格低廉，所以很快受到了淘金者们的热烈欢迎。这样，李维不仅解决了帆布的积压问题，还小赚了一笔。随后，李维将这种长裤起名为"牛仔裤"，并很快申请了专利。

1853年，李维开办了专门生产帆布牛仔裤的公司。第一批牛仔裤很快销售一空，紧接着又开始了第二批牛仔裤的生产。后来，李维发现欧洲市场上的一种新面料，即一种蓝白相间的斜纹粗棉布，它兼有结实和柔软的优点。于是他开始进口这种面料，专门用于制作牛仔裤。用这种面料制作的裤子，既结实又柔软，样式美观，穿着舒适，比以前用帆布做的裤子更受欢迎。

后来，牛仔裤从西部传遍整个美国，又传遍了世界各地，如今已经发展成了风靡世界的裤装。

小意外大发明 | Xiao Yi Wai Da Fa Ming

整个世界都是为了人们的需求在运转，不能满足人们需求的商品会很快被淘汰。在和淘金者一次偶然的闲聊中，李维·施特劳斯意外地了解到自己的顾客真正需要的是什么，从而突发奇想，用制作帐篷的帆布来做工作裤，没想到取得了巨大的成功。所以，我们在做事时，一定要把握问题的关键，一旦找到症结，那么，什么问题都能迎刃而解了。

Trade Bank

Part 2

第二章

小侦探中的大科学

Great Science out of Small Investigations

福二摩斯作为一名老刑警，不仅观察力和分析力非常强，而且还善于从细微处发现案件的疑点和线索；柯小南是一名见习刑警，对于世界各国的著名案例都非常熟悉，对侦探工作也非常专心，经常跟随福二摩斯四处办案。随着一个个神秘离奇的案件的发生，这一老一少两个警探走访案发地点，勘察案发现场，通过各种科学知识和方法分析案情，最终拨开案件的迷雾，将谜底一一揭开。原来，侦探也是与科学分不开的。

亲爱的朋友，你们见过长颈鹿吗？听过长颈鹿“悲鸣”吗？

01.悲鸣的长颈鹿

有一天，福二摩斯和柯小南奉命前往郊区查案，直到夜里才动身驱车返回警察局。

当他们路过动物园时，动物园大门口突然冲出来一个人。柯小南见状，猛然踩住刹车，车子“吱”地一声停住了，险些撞到那个冒失的人。

柯小南不禁吓出了一身冷汗。等稍稍定下神后，他推开车门走到那个人面前，怒气冲冲地说：“以后走路小心点！这种情况多危险啊……”

他正要继续往下说，却发现那个人一脸惊恐，不像是因险些出车祸而引起的，却像是因为其他什么事情。

这时，福二摩斯也已经下了车，正往这边走来。

柯小南问道：“出什么事了？我们是警察。”同时，他把证件取了出来。

那个人看了看柯小南和福二摩斯，结结巴巴地回答道：“我刚刚……刚刚看到，动物园的门……门卫死了。”

“怎么回事？带我们去现场看看吧。”福二摩斯一边上下打量这个人，一边不动声色地说道。

那个人说他听到了长颈鹿发出的惨叫声。

于是，他们三人一起向动物园门口走去，那个人一边走一边开始讲述："今天，我本来在附近散步。突然，一辆红色的小轿车从我身边擦身而过。不久，我就听到了几声好像枪击声的巨响，当时也没有多想什么。

"但是，等我走到动物园的围墙外时，却听到了一种奇怪的动物叫声。因为当时动物园大门口没有门卫，所以我就好奇地走了进去。

"没走几步，我就看见长颈鹿苑里的长颈鹿在烦躁不安地窜动，还发出凄惨的尖叫声。我走近了才发现，一个门卫打扮的人倒在了地上，他的额头上还流着血。我非常害怕，吓得立刻跑了出来，所以差点撞到您的车上。事情的经过就是这样。"

长颈鹿几乎从来不叫，因此被称作动物界的"哑巴"。

福二摩斯和柯小南听完这个人的讲述后，意味深长地对视了一下。然后，柯小南对那个人厉声说道："请你跟我们回警局吧！你就是最大的嫌疑人。"

"不是我，你们这是冤枉好人。你们凭什么怀疑我？"那个人一脸的委屈。

"就凭你说的那些话，太没水准了。谎言也要编得高级一点嘛！"福二摩斯说。

后来，警方通过细致调查、取证、分析，果然证实了这个从动物园跑出来的人就是杀害门卫的凶手。

那么，两个警探怎么知道是那个人在说谎呢？那个人的话中到底有什么漏洞呢？

原来，与大多数动物不同，长颈鹿几乎从来不会发出叫声，因此常被看作动物界的"哑巴"。那个人肯定对动物知识了解不多，所以才会说长颈鹿发出惨叫声。正是这一点暴露了他的无知，同时使他露出了马脚。也许他的谎言能骗过其他一些人，但是却瞒不过知识丰富的警探。

小侦探大科学 | Xiao Zhen Tan Da Ke Xue

其实，长颈鹿并不是不会叫。只是因为它的声带构造比较特殊，而且由于脖子太长，声带和胸腹的距离远，叫起来比较费力。再加上它长得高、看得远，能及早发现危险，没有必要发声求助，所以，它几乎从来不叫。

警察搜遍犯罪嫌疑人全身，也没有发现他随身携带的巨款！除了那几件不值钱的衣服和几封家书，别无他物……

02.被忽略的巨款

炎炎夏日，待在办公室里的柯小南昏昏欲睡。福二摩斯悠闲地坐在椅子上看着报纸。

“铃……”一阵急促的电话铃声在安静的办公室里响起。

“喂，我是福二摩斯……嗯，好的，我们这就赶过去。”

“柯小南，我们走！”

“哎，去哪儿？”

“机场！”

福二摩斯和柯小南一走进机场大门，警局的其他同事就急忙走过来。

“案子的详细情况如何？”福二摩斯问身边的警员。

那名警员递给福二摩斯一张照片，并详细报告：“照片上的男子名叫乔斯，圭亚那籍。他携带巨款潜入我市，准备和一个犯罪集团进行交易。我们事先收到情报，在机场出口把他截下来，并对他进行了全面搜查。可是，我们只发现了一个公文包，包里只有几封从圭亚那寄来的家信和两件换洗的衣服，一件值钱的东西也没有。在海关部门的协助下，我们用高科技的检测设备对他进行了X光照射。在他体内，我们也没有发现任何异常物体。这些就是他所有的东西。”

警员说完，指了指桌子上的东西。福二摩斯仔细看了看桌子上的

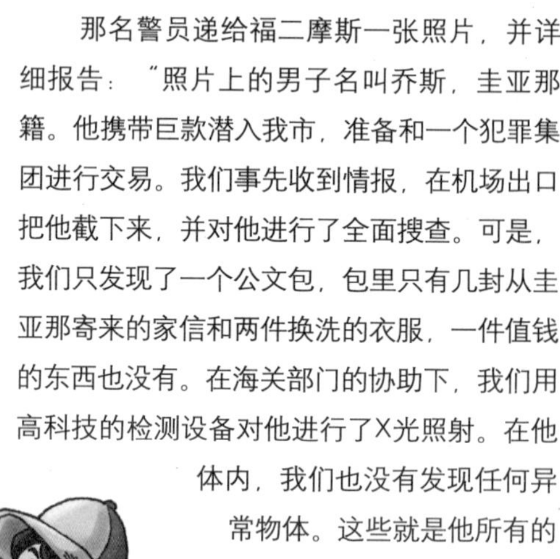

福二摩斯和柯小南对乔斯的物品进行了反复的检查，一时难以找到头绪。

后来大家才明白，原来乔斯企图借助圭亚那邮票转移巨款。

物品，对柯小南说："拿好这些东西，我们先回警局。"

"乔斯，男，32岁，1974年生于英国，身高182公分，体格健壮，1994年到2002年服役于英国特种部队。退役后，他于2003年入圭亚那国籍。"柯小南迅速从电脑中查出资料。

"他为什么要入圭亚那国籍？"福二摩斯陷入了沉思。

"也许是因为风景不错吧！圭亚那位于南美洲北部，地广人稀，自然资源丰富，但经济落后。境内河流广布，多瀑布，最著名的是凯尔图尔瀑布，它号称是世界上落差最大的瀑布。"柯小南继续说着，"那也不用因为有瀑布长期住在那里吧！"

"柯小南，你能不能说点有用的信息啊！"福二摩斯无奈地说。

"只有一个包、几件衣服和几封家信……"福二摩斯盯着这些物品喃喃自语。

"都什么年代了，通讯工具这么发达，还有人通过书信这么传统的形式联络啊！"

"写信？家书？"福二摩斯反复念叨着这两个词。

"柯小南，乔斯哪年入圭亚那国籍的？"

"2003年。"

"查一下，他的亲戚朋友里有没有人住在圭亚那！"

"乔斯，未婚，父母双亡，只有一个远房叔叔住在英国。"

"原来如此啊！柯小南，你想到了没有？"

"什么？"柯小南一时没有反应过来。

"你再好好想想！"福二摩斯一边点敲着桌子上的信一边说。

柯小南摸着耳朵，盯着福二摩斯点敲着的信，忽然拍了拍脑门，说道："哦，是这样的。真是太聪明了！"

"的确是聪明，差点就被他蒙骗过去了！既然他在圭亚那没有任何亲人，哪儿来的家书？问题肯定是出在这几封信上。柯小南，马上通知其他同事，立即逮捕乔斯。"

"是的，警官！"

家书到底隐藏了什么秘密呢？原来，检查行李的警察忽略了一个最明显的地方，就是那几个信封上贴的邮票。信封上面贴着的圭亚那邮票是非常稀有的品种，在集邮市场上，它们中每枚都可以卖到数千英镑。这个嫌疑人正是企图借此蒙骗过关。

小侦探大科学 | Xiao Zhen Tan Da Ke Xue

邮票不仅是国家发行的邮资凭证，而且被看作一个国家的"名片"。集邮这项活动已经有百余年的历史了。进入集邮领域的邮票，既是知识的载体，又是艺术的化身，同时还具有艺术品的收藏价值。一些早期的邮票由于数量稀少，可以说价值连城。

“梵高的真迹被盗了！”这个消息迅速散播到全城的大街小巷。这个传言是真是假，一地的碎玻璃道出了真相……

03.被劫的名画

著名的名画收藏家卡娅夫人上星期因病去世了，她在遗嘱中把大部分收藏品都捐给了博物馆。博物馆为了表示对卡娅夫人的尊重和纪念，专门举办了一次画展。福二摩斯和柯小南接到博物馆的邀请函，来到了画展的现场。

两人刚看完第一个展区，柯小南便激动地说：“天啊，这么多名家名作！不知道卡娅夫人那张最珍贵的梵高真迹有没有在这里。咱们赶快去那边看看！”说着，柯小南就迫不及待地拉着福二摩斯朝另一个展区走去。

福二摩斯则慢条斯理地说：“你可能要失望了！”

“啊，我为什么会失望？”柯小南疑惑地问。

“卡娅夫人虽然捐赠了许多名画，但是，她唯独把那幅梵高的真迹留给了自己的儿子。”

“噢，是这样的！那是最珍贵的一幅啊，仅保险就上了几百万！真不知道要是拿去拍卖的话，会是怎样的情景？”没有机会一睹梵高真迹的柯小南，郁闷地看完了画展。

“哎，有没有看今天的报纸？梵高的真迹昨晚被盗了！”第二天一大早，柯小南大叫着跑进办公室。

罗德的书房里一片狼藉，似乎经历了一场劫难。

“走吧，就等你一起去现场呢！”看着柯小南急匆匆的样子，福二摩斯笑着说。

很快，福二摩斯和柯小南迅速赶到现场。报案的人是卡娅夫人的儿子——罗德。罗德早已在门口等候。他将福二摩斯和柯小南迎进门，径直带着他们来到书房。书房里，书散落了一地，桌子和椅子东倒西歪。

罗德哭丧着脸说，昨天画展结束后，就有几拨人来找他，希望可以高价收购梵高的真迹。但是，他母亲的遗嘱里清楚地写着不允许卖掉那幅画。可就在昨天晚饭过后，一名歹徒突然持枪闯进他的家里，抢走了那幅画。昨晚，警察虽然来过，但只是对现场进行了一些勘查，没有其他结果。为此，他整夜难眠。确实，罗德看上去显得十分憔悴。

“那你有没有看清歹徒的容貌？”柯小南问。

“歹徒闯进来时，我一回头，便对上了他的枪口。他蒙着面，我看不到他的脸。他用枪指着我的后脑勺命令我转过身去。然后，他逼着我交出梵高的真迹，我只好带着他来到书房。我只能从墙上画框的玻璃中看到他的影了。后来，玻璃也被他打碎了。”

“这个有玻璃的画框原来是放哪幅画的？”柯小南又问。

“就是那幅梵高的真迹。”

“梵高的真迹？你把它放在镶有玻璃的画框里？”柯小南不由得提高音量。

“是啊，有什么……问题吗，警官？”罗德结结巴巴地说。

“你这个骗子，你是想骗取高额的保险金吧？你知道你母亲的遗嘱里写明不可以卖画，所以就想出这个方法来赚钱，别做梦了！”

福二摩斯对柯小南翘起拇指，说：“柯小南，好样的！进步不小嘛！”

罗德被警察带走了，直到坐上警车那一刻，他也没有明白自己精心编造的谎言哪里出了差错……

原来，油画的画框上是不会覆盖玻璃的，因为玻璃的反光会影响观赏效果。罗德缺乏常识，想当然地编造了抢劫的故事，实际上是想骗取保险赔款。

油画装在镶有玻璃的画框里，其观赏效果就会相对差许多。

小侦探大科学 | Xiao Zhen Tan Da Ke Xue

一幅油画完成以后，多配以外框，因为外框会使画面显得完整集中。古典油画的外框多用木料、石膏制成，但一般不会在画上加装玻璃，因为玻璃的反光会影响人们对油画层次感和立体感的鉴赏。梵高是印象画派代表人物之一，以擅长油画而著称于世。他的真迹绝对不可能装在镶有玻璃的画框里。

冬日里，在零下十几度的郊外，一名浑身湿透的青年男子慌张地跑来求助，究竟发生了什么事情呢？

04.冰湖上的命案

寒冷冬日的傍晚，气温下降到零下十几度。福二摩斯和柯小南为了调查一宗案子，来到郊外的湖边查找线索。

那一天，天气非常糟糕，灰蒙蒙的天空预示着一场风雪将要来临。

福二摩斯和柯小南两人坐在冰封的湖边一边讨论案情，一边瑟瑟发抖。柯小南不断地搓手跺脚，希望可以暖和一点。福二摩斯则永远是一副气定神闲的样子，不过天气太寒冷了，他不禁裹了裹身上的大衣。

忽然，一个浑身水淋淋的小伙子跑过来，气喘吁吁地说："快！快！帮帮我！我的女朋友掉进前面的冰窟窿了，我跳下去救她。可是她不会游泳啊，我没有办法把她救上来，她又沉下去了！"

福二摩斯连忙掏出手机报警，柯小南则跟着小伙子向出事地点跑去。

福二摩斯看着远离的小伙子，总感觉他有点儿奇怪。大约十分钟过后，福二摩斯接到柯小南的电话："我们刚刚赶到事发地点，冰上窟窿面积很大，而且冰层很厚。不过水流不是很急，我现在准备下去救人，你马上安排救援。"

福二摩斯听后想了想，终于知道小伙子奇怪的地方在哪里了，就是他浑身湿淋淋的样子，与这个寒冷的冬天太不协调了。

此时，福二摩斯还不太肯定自己的推断。但是，他还是果断

这天，福二摩斯和柯小南正坐在湖边讨论案情。突然，一个小伙子跑过来向他们求救。

地对柯小南说："你不要下去冒险了，那女孩在冰冷的水里泡了那么久，又不会游泳，应该是不可能生还了。你现在要看住那个小伙子，我怀疑女孩不是自己掉进冰窟窿里的，而是被人推进去的。"说完，福二摩斯用最快的速度跑到现场与柯小南会合。然后，他们原地不动，一直紧盯那个小伙子。半个小时后，警察赶到湖边，把女孩的尸体打捞了上来，女孩的身体已经冰冷僵硬。福二摩斯向旁边的警察低语了几句，小伙子就被拷上了手铐！

原来，小伙子在逃跑途中发现了福二摩斯和柯小南，才故意弄湿自己，虚报案情的。

小伙子大叫："你们为什么抓我呀？"

"为什么抓你？因为你的好心！如果你不好心跑过来向我们求救，而是在作案后直接逃离现场，我们可能还要费些心思才能抓到你。"福二摩斯说。

后来，经警方的盘问和调查核实，那个小伙子果然承认了犯罪的事实：他故意带着女孩来到郊外，在结冰的湖面上凿冰钓鱼，以便为自己提供作案的时机。

就在女孩高高兴兴凿冰时，他把女孩推进了冰窟窿，并一直看着她沉下去，然后又收拾好现场，匆匆离开。

没有想到，他在逃离的路上看到了福二摩斯和柯小南。为了掩饰自己的罪行，他跑去向他们求救。没想到，他这回走错了一步棋，撞到了警察的手里。

柯小南问福二摩斯："你从什么时候开始怀疑他的？"

"从你们跑去救人的时候！这么冷的天，他浑身湿漉漉的，怎么看都觉得奇怪。在零下十几度的环境中，浑身湿着的人跑了十几分钟，衣服理应早就结冰了，但是，他却依然浑身湿淋淋的，可见他并没有下过水，而是在发现我们时才把自己弄湿的。"

"唉，真是自作自受，苦肉计没派上用场，还自投罗网了！"柯小南望着湖面感慨道。

小侦探大科学 | Xiao Zhen Tan Da Ke Xue

按理来说，当温度降到0℃时，水会结成冰，但实际情况并非如此。因为一方面自然界的水不是纯净的水，里面溶解了很多物质，使得水的凝固点降低；另一方面，由于结冰时放出的潜热很大，如果刚好是冰点，水结成冰晶又会很快融化，所以，一般情况下，温度在0℃以下，河水才会出现冻结现象。

在神秘的大西洋底，一场阴谋正在悄悄上演……

05.大西洋底杀人事件

日前，美国在大西洋40米深的海底建立了一个水生动物研究所，阿尔金教授被任命为研究所的所长。最近，他正带领他的三个学生伯特、比利和杜勒斯进行一个项目的研究。研究所里还有一位名叫露西的女工作人员。露西主要负责研究所里的资料整理工作。由于工作性质的要求，教授和他的学生们经常要在海底工作。

一天午饭后，伯特、比利和杜勒斯像往常一样穿上潜水衣，潜入海底进行工作。下午1点50分左右，武藤教授前来拜访阿尔金教授。一开门，他惊恐地发现阿尔金教授满身是血，倒在地上……

福二摩斯和柯小南接到报案，立刻赶到了现场。经过对现场的初步调查，他们发现教授死于枪杀。法医认定，教授死亡时间是在下午1点左右。

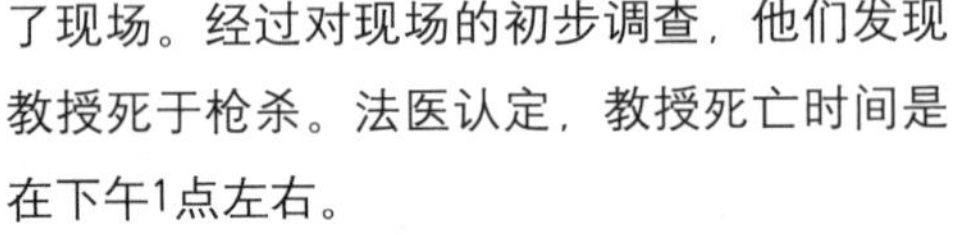

由于研究所不允许人员随便进出，警察由此判定，凶手就是三个学生之一。但是，三人都说他们是12点40分左右在40米深的海

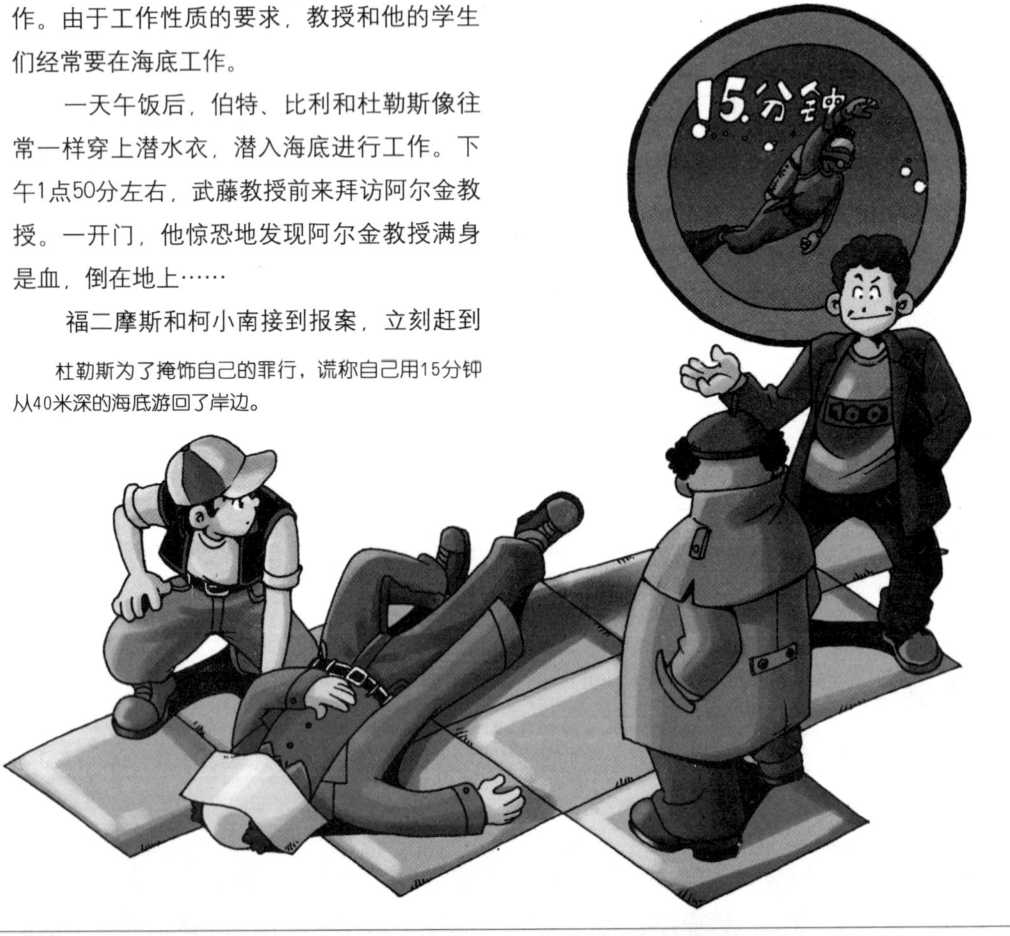

杜勒斯为了掩饰自己的罪行，谎称自己用15分钟从40米深的海底游回了岸边。

潜水者从海底40米游到海面时，中间需要休息几次，使身体逐渐适应压力的改变。

底分开的。

伯特说：“我们分开后，我又游了15分钟，去一艘沉船附近观察海豚。”

比利说：“我去了附近的海底火山。1点左右我开始返回。在返回途中，我还看见伯特在沉船旁边。”

杜勒斯说：“我们一分开，我就游向岸边，大约12点55分到达岸边。露西小姐可以证明。”

“是的，我可以证明。”杜勒斯的话音刚落，露西就连忙补充。

柯小南觉得露西表现得很紧张，不禁多瞧了她一眼。露西也发觉自己失态了，接着说：“他上岸时，我恰巧在岸边。”

三个人都有不在场的证据，案情的线索似乎被突然切断。究竟是谁杀死了阿尔金教授？

在现场既没有找到物证也没有找到有价值的指纹，柯小南苦恼地抓了抓耳朵。福二摩斯思索了一会儿，又在研究所里四处打探起来。他看见研究所墙上贴着《潜水注意事项》，于是就走过去，饶有兴趣地看了起来。

在《潜水注意事项》中，有一条引起了福二摩斯的注意：人从超过40米的深海游回岸边时，速度不宜过快，中途应休息几次，使身体逐渐适应压力的改变！

福二摩斯似乎想到了什么，他指着杜勒斯镇定地说：“杜勒斯先生，我认为你在说谎！你绝对不可能在15分钟内游回岸边。露西小姐，你不仅帮他隐瞒了实情，而且还做了伪证。”

这时，露西再也无法控制自己的情绪，瘫坐在地上。她慢慢地说出了事情的经过：“杜勒斯是阿尔金教授三个学生中最有潜质的一个。但是，野心勃勃的杜勒斯并不满足于做阿尔金教授的助手，便渐渐生出窃取教授研究成果的念头。很快，杜勒斯的不良企图被阿尔金教授发现了。于是，杜勒斯一不做二不休，趁机杀掉了教授。”

而露西为什么要帮杜勒斯隐瞒呢？这个问题很简单，因为他们两个是情侣。

杜勒斯被警察带走了，露西因涉嫌包庇罪也被警察带走了，等待他们的将是法律的制裁。

小侦探大科学 | Xiao Zhen Tan Da Ke Xue

潜水员潜入深海以后，大量的氮气会溶解在血液和组织中。如果上浮的速度过快，人体的气压突然下降，氮气就会从组织中释放出来，形成不溶解的气泡，堵塞血管，甚至会导致麻痹、瘫痪和死亡。40米的水压相当于五个大气压，如果一个人用15分钟从这样的深度游回海面，会有患上潜水病的危险。

深夜，一个灵巧的身影跳进了肯特的房间，偷走了桌上的东西……

06.大厦里的飞贼

星期天的早晨，福二摩斯正准备去拜访老朋友肯特。这时，他接到了一个电话，电话是肯特打来的，他很着急地对福二摩斯说："我的书房被盗了。"

"肯特，你先别着急，我马上到。"福二摩斯放下电话，又马上拨通柯小南的手机说："柯小南，带上取指纹的工具到花园公寓门口等我。"

睡眼蒙眬的柯小南急忙从床上爬起来，拿起工具箱，发动机车，迅速赶到花园公寓，然后和福二摩斯一起来到肯特家。他们一进门，肯特就急匆匆地迎了上来。

采集到的陌生指纹竟然不在指纹库的记录中！

福二摩斯拍拍老朋友的肩膀说："有什么东西丢了吗？"

肯特急切地说："一张二十万的支票不见了。因为今天要用，昨晚睡觉前我就把它放在桌子上了。谁知道今天早上一看，支票不见了，肯定是被人给偷走了。"

他们来到书房，只见书桌上一片杂乱。柯小南和福二摩斯仔细采集书房里的指纹，然后与肯特告别，迅速回到了警局。

福二摩斯和柯小南一回到警局办公室，便开始做指纹比对。很快，他们发现，除了肯特自己的指纹外，果然有一个陌生的指纹。

柯小南迅速调出警局电子指纹库，但让人奇怪的是，指纹库里竟然没有这个陌生指纹的记录！

调查顿时陷入了僵局。福二摩斯让柯小南先回去休息，决定一个人再去现场看一看。

花园公寓只有一个入口，如果有陌生人来访，管理员都会做相应的来访记录。

于是，福二摩斯向公寓门口的管理办公室走去，想查看一下当日的来访记录。管理员房间的门开着，但管理员却不在房间里。福二摩斯一眼瞥见屋里地上放着一个大笼子，笼子里还有几根香蕉。

原来，管理员是通过训练猴子来帮助自己盗取支票的。

福二摩斯没有找到管理员，就直接去了肯特家。他问肯特：“公寓管理员在养宠物吗？我刚刚看到他房间里有个大笼子。”

肯特回答：“好像没有吧！不过，有几次我经过他的房间好像听见‘吱吱’的声音，听起来跟猴子的声音差不多。不过，把猴子当作宠物养的人还真是不多。”

“猴子？”福二摩斯顿时提高音量，接着他一拍脑门说，“原来如此，我知道飞贼是谁了。”

原来，飞贼就是那只猴子！

花园公寓的管理员不仅养了一只猴子，还专门训练它从窗口进入别人家偷东西。猴子飞檐走壁的功夫远远高于人类，而一般人怎么也不会想到偷东西的竟然会是一只猴子呢！这样，管理员只要给猴子“飞贼”一个信号，就可以轻松偷取自己看中的物品了。

再者，人们想当然地认为，指纹就是人的指纹，这样就可以迷惑众人的视线。其实，猴子、猩猩这些灵长类动物也是有指纹的。而人类的指纹库里当然不会有猴子的指纹记录。

小侦探大科学 | Xiao Zhen Tan Da Ke Xue

指纹是人类手指上的条状纹路。每个人的指纹都是唯一的，并且终生不变。根据这种特性，我们就可以把每个人同他的指纹一一对应起来，用来验证身份，这就是指纹识别技术的依据。最早将指纹检验技术应用于侦查破案的时间，应该是1892年。

在一个漆黑的夜晚，人们被一声惨叫惊醒。警察赶到现场，却发现，在完全处于停电状态的现场，小偷竟然触电身亡了！

07.倒霉的小偷

尼尔斯是一位有名的收藏家。他收藏的东西既不是邮票，也不是古董，而是各种各样的鱼。

为了满足自己对鱼的收藏爱好，他还专门布置了一个房间，里面摆满了形形色色的鱼缸，养着他从世界各地搜罗来的稀有鱼种。为了保护鱼儿的生长环境和保证稀有鱼种的安全，尼尔斯谢绝了外人的一切来访，并且在房间里装置了安全设施。

一天，尼尔斯夫妇有事出门了，家里空无一人。因为有安全设施，所以尼尔斯夫妇并没有感到特别担心。

可就在夜深人静的时候，尼尔斯家里先是传出鱼缸破裂的声音，接着又传出一声惨叫。这样的响声惊醒了尼尔斯的邻居们，他们连忙打电话报了警。

柯小南和值班的同事以最快的速度赶到尼尔斯的家里，疏散了围观的人群。只见房子的窗户已经被撬开了，里面漆黑一片。

柯小南打开门，借助手电筒的灯光小心翼翼地走了进去，发现一个大鱼缸被打碎了，地上到处都是水。一个黑衣人趴在地上，已经气绝身亡了。

柯小南检查了一下黑衣人的身体，没有从他身上发现任何明显的伤口。看他的样子，也不像是中毒而死。而黑衣人身边还躺着一条两米多长的大鱼。柯小南还是第一次见到这么大的一条鱼，不由得惊呆了。

在漆黑的房间里，黑衣人倒在地上。

盗贼伸手抓住电鳗，却被电鳗发出的高压电击倒在地。

条鱼拿去卖，赚上一笔。所以，他事先把电线割断，使那些安全设施都处于瘫痪状态，以方便下手。但是，谁会想到，在停电的房间里，他竟然触电身亡了！

“明明停电了，他怎么还会触电呢？难道真是恶有恶报？”柯小南疑惑地问。

福二摩斯不做回应，而是镇定地说：“你把现场的照片给我看一下。”

福二摩斯接过照片仔细看了看，忽然看到窃贼身边的大鱼，便笑着说：“真让你说对了！这个愚蠢的盗贼，什么都想到了，就是没有想到这一点！”

“他没有想到什么？你就不要故弄玄虚了！”柯小南着急地说。

福二摩斯笑笑说：“他呀，是被他身边躺着的这条大鱼电死的！”

“这到底是怎么回事？这条鱼还会电人？”柯小南一脸吃惊的样子。

“是呀，这条大鱼可真不普通，它是产自南美洲的电鳗。电鳗身体的两侧长着两个发电的器官。它们可以产生六百到八百伏的高压，连大型的野兽都能被它电死，更何况人呢！那个小偷在偷电鳗的时候被电击倒，从而丢了性命的。”

他找到开关试图打开灯，但发现电线早已经被割断，整栋房子完全处于停电状态。

“这个人是怎么死的呢？”柯小南冥思苦想一番，也没有想到答案。

由于时间太晚，又无法照明，警察只好先将黑衣人的尸体送到法医那里进行检查。柯小南在现场拍摄了几张照片，特意给那条大鱼多拍了几张。

第二天，警方查出前一天晚上的黑衣人是个惯偷，专门偷一些收藏品。

法医的鉴定结果表明，这个小偷是触电而死的。看来，这个小偷很可能是知道了尼尔斯家收藏了大量的珍稀鱼种，所以想偷几

小侦探大科学 | Xiao Zhen Tan Da Ke Xue

电鳗生活在南美洲的亚马孙河和圭亚那河流域，长着像鳗鱼一样细长的身体。它长有长长的尾巴，但却是鲤鱼的同类。电鳗身体的两侧有一对发电的器官，身体的尾端为正极，头部为负极，电流由尾部流向头部。电鳗一次电击发出的电流有效作用范围可达3～6米。当电鳗的头和尾触及敌体，或受到刺激时即可产生强大的电流。

先天失明的小贝蒂在家中被害身亡，但是她留下了歹徒难以想象得到的记号……

08.地板上的棋子

在旧城区里的一栋老式公寓里，住着十二岁的小姑娘贝蒂和她的妈妈布鲁夫人。小贝蒂先天性失明，从小和妈妈相依为命。面对女儿失明的不幸，布鲁夫人并没有放弃对贝蒂的教育，而是从小就把她送到盲人学校里学习盲文。

现在正是放暑假的时候，白天，布鲁夫人上班时，就把贝蒂一个人放在家里。毕竟不太放心，她就叮嘱女儿不要随便让陌生人进门。贝蒂是个听话的孩子，每天都在家里练习盲文，乖乖地等妈妈回来。

这天傍晚，布鲁夫人下班回到家时，却发现房门大开！发生什么事了？她来不及多想，连忙冲进房间，顿时被眼前的景象吓呆了：可怜的贝蒂躺在血泊之中，胸口插着一把水果刀。

布鲁夫人不敢相信这是真的！她悲痛欲绝，大叫一声，昏倒在地上。闻声赶来的邻居看见这样的情景，立刻打电话报了警。

在凌乱的房间里，福二摩斯发现了地板上有规则地摆放着几颗棋子。

福二摩斯和柯小南赶到贝蒂家时，布鲁夫人刚刚从昏迷中醒过来。

现场很零乱，贝蒂柔弱的身体令在场的人无不感到心痛。柯小南愤怒地握紧了拳头。

经过对布鲁夫人的询问得知，她家里几件值钱的东西都没有了。福二摩斯初步判定这是一起入室抢劫杀人案。柯小南力求让自己冷静下来，然后对现场进行了勘查。

柯小南分析说："门锁没有发现被撬开的痕迹，看起来房门应该是贝蒂自己打开的。凶手可能和贝蒂认识，更有可能是和贝蒂很熟的人。"

于是，柯小南向布鲁夫人询问了有关她们家亲戚朋友的情况，最后把疑点聚焦在贝蒂的表哥托斯身上。

贝蒂用尽最后的力气将棋子摆成了凶手的名字。

托斯平日里游手好闲、不务正业，整日泡在酒吧里。柯小南找到托斯的时候，托斯正在酒吧里喝酒，而且醉得不省人事。

当柯小南问起贝蒂的事情时，托斯似乎清醒了许多。他说他一直在酒吧里，还问柯小南贝蒂是怎么死的。柯小南见从一个酒鬼嘴里也得不到有用的信息，就回到了贝蒂家。而这时，福二摩斯正在对现场进行更加仔细的检查。忽然，他被地板上的几个围棋子吸引住了，它们有意无意地被摆在了一起。福二摩斯不愿放过任何蛛丝马迹，他连忙走过去，从前、后、左、右不同方向反反复复看了又看，最后恍然大悟道："原来如此！谢谢你，好姑娘贝蒂。你真是个聪明勇敢的孩子，给我们留下这么重要的信息。我们一定不会让罪犯逃脱的！柯小南，马上逮捕托斯这个凶手！"

"你怎么知道凶手是托斯？"柯小南疑惑地问。

福二摩斯回答："是贝蒂告诉我的。"

原来，贝蒂学习的盲文是用点来表示的文字。她临死前将那几颗围棋子当做盲文的点，在地板上摆出了凶手的名字。

"幸好你看得懂盲文，而凶手看不懂盲文，这样信息才被保留下来了。聪明的贝蒂为自己讨回了公道啊！"柯小南说道。

小侦探大科学 | Xiao Zhen Tan Da Ke Xue

盲文是专门为盲人设计的、靠触觉来感知的一种拼音文字。1824年，法国盲人路易·布莱尔首先发明了盲文，盲文由一到六个凸起的点组成，可以变化成六十三个不同的图形符号，以点数的多少和点位的不同来区分不同的图形。从那以后，盲文在国际上被普遍使用。

船长遗忘在船长室的钻戒不翼而飞了，是谁偷走了钻戒？只身办案的柯小南会破案吗？

09.丢失的钻戒

一艘豪华的日本游轮正在广阔的海面上航行。因为一起案件，需要得到M城警方的协助，所以，柯小南奉命搭乘这艘游轮前往M城。

清晨，海上的空气很好，太阳刚刚从远处的海平面上升起来。柯小南靠在船栏边，一边欣赏美景，一边伸了伸懒腰，活动活动筋骨。

这时，船长佐佐木快步朝柯小南走来。柯小南发现船长神色很焦急，就急忙问："船长先生，是不是游轮上出什么事了？"

"是啊，警官！事情是这样的：我一早起来就去安排游轮进港的事情，不小心将我的结婚钻戒忘在了我的办公室里。可等我办完事情回到办公室，却发现戒指不见了。这中间大约有半个小时的时间。

"警官，这枚结婚钻戒我已经带了二十年了，要是一枚普通的钻戒我就不会这么着急了。请您一定要帮帮忙！"

于是，调查开始了！柯小南把当时值班的大副、水手、保安和厨师都一一找来盘问，但是他们都说自己没有进过船长室。

大副说："今天早上，我不小心摔坏了眼镜，回到房间换了一副。因为不能离开驾驶

面对柯小南的盘问，保安说案发时他正在摆弄旗子。

舱太久，所以，我大概十分钟后就回来了。”

水手说：“每天清早，我们按照惯例都要清洗甲板，这段时间里我一直在甲板上。刚才船长叫我的时候，我还在甲板上呢！”

保安说：“早上起来，我发现船上的国旗挂倒了。于是，我把旗子一面一面地重新挂好。毕竟国旗是代表了整个国家，它的形象对整艘船来说很重要。”

而厨师却说：“我从早上到现在没有离开过厨房，因为冰箱坏了，我一直忙着修理，到现在还没有修好呢。”

柯小南听了他们的解释，心想，他们都说自己没有去过船长室，难道戒指还能自己飞了？

为了不影响游轮正常前行，柯小南就对船长说：“船长，先让他们回去继续工作吧！我一定尽快找出那个偷戒指的人，让他把你的戒指还回来。”

佐佐木船长深深鞠了个躬说：“那就拜托警官先生了！”

柯小南回到甲板上，长长地吸了一口气，脑子飞速地运转起来：戒指这么小的东西很容易被人拿走。他们几个人都有可能在说谎。而戒指在船长室，肯定不可能因为船只晃动而掉进海里。一定是有人见了戒指起了贼心，顺手牵羊拿走了。那到底是谁在说谎呢？

一阵海风吹来，让正在沉思的柯小南顿时感觉清醒许多。

他抬头望了望天空，忽然看见海风吹着旗子飘来飘去。看着看着，柯小南摸着耳朵大笑起来：“啊！我知道了。保安在说谎，他根本就没有去挂旗。是他拿走了戒指！”经过再三盘问，保安终于交出了钻戒。

柯小南如何判断出，是保安拿了戒指的呢？

原来，来自日本的游轮悬挂的当然是日本的国旗，而日本的国旗是白底上有一个红红圆圆的太阳，这种对称的图案是没有上下之分的，也就无所谓正还是倒，依据这一点就可以确认是那个保安说了谎！

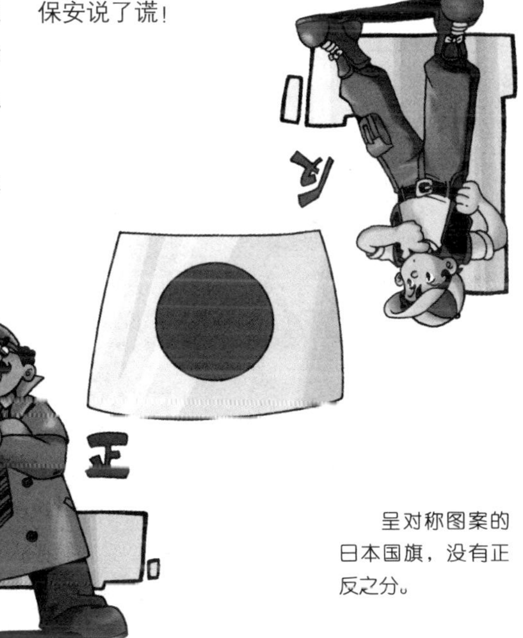

呈对称图案的日本国旗，没有正反之分。

小侦探大科学 | Xiao Zhen Tan Da Ke Xue

船旗是指商船在航行中悬挂的其所属国的国旗。商船有船籍，即船舶的国籍，船旗是船舶国籍的标志。按国际法规定，商船是船旗国浮动的领土，无论在公海还是在他国海域航行，均需要悬挂船籍国国旗。船舶有义务遵守船籍国法律的规定并享受船籍国法律的保护。

一天，公园发生了一场命案，变色的芙蓉花帮助警察揭开了命案的谜团……

10.芙蓉花的证词

初秋里一个周六的清晨，人们陆续来到城南的一个公园里晨练。一位老太太正在小路上散步，突然她发现路边的花丛中有一只鞋子。出于好奇，她朝前走了几步并凑近一看，结果却看见一具男子的尸体躺在开满白色芙蓉花的芙蓉树下。老太太见状，禁不住“啊”地失声大叫。

周围晨练的人们听见叫声慌忙赶来，纷纷询问老太太发生了什么事。老太太惊恐地指着一片芙蓉花说：“杀人了……”

十分钟后，尖锐的警笛声打破了公园原有的平静与祥和。福二摩斯和柯小南赶到了现场。为了保证市民生活的安定，警察局命令福二摩斯和柯小南尽快破案。

托尼正绘声绘色地讲述他拍摄照片的情景。

经调查，死者名叫乔，住在公园附近，是一家公司的部门经理。法医鉴定，被害人是因腹部被利物刺中、流血过多而死的，其死亡时间还不到一个小时。由于芙蓉花丛的土壤松软，地上留下了清晰的脚印，而且脚印表明现场刚刚经过了一番打斗。地面上除了被害人脚上的运动鞋鞋印外，还有另一个人的皮鞋鞋印。从被害人一身运动装束来看，他是来公园锻炼的。看

因为早晚花色不同，芙蓉被人们形容为“晓妆如玉暮如霞”。

来，凶手很熟悉被害人的生活习惯。

柯小南想，公园里除了有人发现尸首外，没有发生其他异常状况。而且命案刚刚发生不久，那么凶手很可能会把凶器扔到一些比较隐蔽的地方，自己隐藏在公园的人群中了。

于是，他在附近的花丛和垃圾桶里仔细搜寻，希望可以找到凶器。但是，他只是在草丛中发现了半支烟。那半支烟被人用脚狠狠地踩过，看起来应该是抽烟的人抽到一半时扔掉的。柯小南立刻把这个烟头交给法医化验。

法医根据烟头上的唾液成分，追查到了一个叫做托尼的摄影师，认为他有重大嫌疑。于是，柯小南赶忙把托尼找来，问：“你是不是曾经去过城南的公园？”

“是的，我是去过公园。为了拍几张芙蓉花的照片，我昨晚特地跑去公园。白色的芙蓉花开得好极了！”托尼回答。

这时，坐在旁边的福二摩斯忽然一皱眉，抬头问：“你是昨晚去的吗？几点去的？”

“当然了，八点左右！我这里还有照片呢，不信我可以拿给你看。”托尼真的拿出了几张照片。

福二摩斯接过来看了看，照片上果然有白色的芙蓉花。但是，他却拿着照片指向托尼说：“你撒谎！你是今天早上去的公园，而不是昨晚！凶手就是你！芙蓉花一日三变，早晚花色是明显不同的。根据照片上的芙蓉花花色来看，这张照片应该是在早晨拍摄的。”

经过仔细盘问，托尼不得不承认了自己的罪行。原来，他欠乔一笔钱，但是一时无力偿还。乔说如果托尼不还钱，就要把托尼告上法庭。托尼试图找乔商量商量，希望乔可以再通融几天。可是，乔却对他避而不见。托尼知道乔每天都去公园晨练，于是什案发当天早早地来到公园等乔。但是，乔的态度异常坚决，不予通融。托尼一气之下，起了歹念，把事先准备好的刀子刺进了乔的腹部，然后仓皇逃跑。

小侦探大科学 | Xiao Zhen Tan Da Ke Xue

破案的重点在于芙蓉花。芙蓉，又名木芙蓉或木莲，是一种落叶大灌木，一般在十月到十一月开花，花朵呈钟形。清晨，芙蓉初开时为白色或粉红色，后逐渐变为深红，傍晚时变为紫红色。随着气温的升高，芙蓉花中的花青素和酸的浓度会随之发生变化而产生变色现象。芙蓉花“一日三变”，因此又被称为“三醉芙蓉”。

在静谧的伊斯顿大学校园里，突然从一间实验室里传来了震耳欲聋的爆炸声……

11.化学实验室爆炸事件

一个宁静的上午，伊斯顿大学的老师和学生们都在紧张忙碌的工作与学习之中。忽然，一声巨响在校园里响起，打破了校园的宁静。

大家闻声急忙赶到现场，发现原来是学校的化学实验室里发生了爆炸。实验室里正冒出股股浓烟，大卫教授和几名学生从实验室里慌忙地跑了出来。其中有几个人受了重伤。在消防人员赶到现场的同时，福二摩斯和柯小南也赶到了伊斯顿大学。

当时，大卫教授和几个学生正在进行一组化学实验，不知怎么地，桌上的一个化学药品瓶突然发生了爆炸，从而引起了火灾。几个学生因为在爆炸时距离化学药品瓶较近而被炸成了重伤。

经过对现场的勘察，福二摩斯和柯小南发现，爆炸是由药品受热引起的。但奇怪的是，现场并没有加热的装置，学生的操作也都符合规程。爆炸发生得如此蹊跷，让大家都感到莫名其妙。

福二摩斯和柯小南向大卫教授和在场的学生询问了当时的情况。大家都说他们是在研究好实验方案后才进入实验室的，没有人提前进去。于是，福二摩斯和柯小南开始对其他的老师和学生进行调查。

他们了解到，大卫教授曾经与学校里的三位老师有过矛盾。而凑巧的

三位老师的证词，似乎都没有可疑之处。

是，这三位老师在出事前都曾去过实验室。于是，福二摩斯和柯小南把目标锁定在这三个人身上。

他们一一询问了那三个人。史密斯先生说，他开始以为他的笔记本落在实验室了，于是去实验室找笔记本，结果什么也没有找到，最后发现笔记本忘在了教室里。格林夫人说，她觉得实验室里太单调了，想增加一点生气，于是就在实验室的窗台上放了个盛有几条金鱼的玻璃鱼缸。雷特先生则说他是去找一个学生谈话的，并且那名学生也证实了雷特先生的话。

这三个人离开后，福二摩斯和柯小南开始认真分析三个人的笔录。雷特先生有确凿的证据，很快被排除在外。而其他两个人的行为似乎也没有什么异常。

忽然，柯小南盯着笔录说道："这个格林夫人还真是好心，在化学实验室里放鱼缸！女老师就是不一样，比男老师有情调。不过，实验室里化学药品这么多，金鱼生活在那里，恐怕是活不了几天的。"

"等等！你刚刚在说什么？"福二摩斯突然开口。

"我是说啊，这个格林夫人还真有情调，竟然在实验室里放了一只鱼缸，养了几条鱼。"

"鱼缸！哈哈……原来如此，这就对了！"说着，福二摩斯起身往外走。

"喂，干吗去？等等我！"说着，柯小南紧跟过去。

"去实验室，我们再仔细勘察一下现场！"

福二摩斯和柯小南迅速来到实验室，再次勘察了现场，很快找出了爆炸发生的原因，当然也找到了爆炸的制造者。

原来，是格林夫人制造了这次爆炸事故。其实她在实验室里放鱼缸并不是好心，也不是有情调，而是别有用心的。因为椭圆形的玻璃鱼缸盛满水后，就变成了一个凸透镜。当她把鱼缸放在窗台上，让阳光通过鱼缸正好聚焦在药品瓶上的时候，药品的温度就会逐渐上升，从而引起了爆炸。

格林夫人把鱼缸放在窗台上，让太阳光通过鱼缸时正好聚焦在药品瓶上，使药品瓶的温度逐渐上升，最终引起了爆炸。

小侦探大科学 | Xiao Zhen Tan Da Ke Xue

椭圆形的鱼缸盛满水后，就变成了一个凸透镜。凸透镜是一种光学透镜，中间厚、边缘薄，至少有一个表面是球面，可以将光线汇聚到一个点上。凸透镜通常被用来制造放大镜、老花镜，以及显微镜和望远镜的镜片等。

在郊外树林里的一辆跑车里，一对青年男女正在熟睡。他们不知，死神正一步步朝他们逼近……

12.跑车密室杀人案

圣诞节快到了，一场大雪纷纷扬扬地下了起来，为这座城市增添了别样的节日气氛。琼和路易驱车来到郊外，享受这上天所赐的圣诞礼物。

种种迹象表明，死者并非自杀身亡。

很少有人到郊外活动，所以郊外保持了大自然的宁静。琼和路易兴奋地跳下车，在旷无人烟的雪地上嬉戏打闹起来。两人玩得不亦乐乎，便忘记了时间。

等到他们玩累了，准备回家时，才发现天色已晚。

天黑路滑，为了行车的安全，他们只好在郊外待一晚。郊外的温度很低，两人坐在跑车里，并把车里的空调调到最舒适的温度。

玩了一天，两人都感到很疲倦。于是，他们依偎着很快就进入了梦乡。随着时间一点一点地流逝，油箱里的油也在一点一点地耗尽。

今年的冬天实在是太冷了！一大早，柯小南就缩着脖子快速冲进办公室，对福二摩斯大叫着："外面真冷，还是屋里暖和。如果有人在外面待一夜，肯定会被冻死！"

柯小南的话音刚落，电话就响了起来。

福二摩斯接完电话，快速地对柯小南说："走吧，真的出人命了。有人在郊外发现了一辆车，车里有一男一女两具尸体！"

随后，两人立刻驱车赶赴现场。

几个小时前，天刚蒙蒙亮，一位巡逻的警员在郊外的树林里发现了这辆跑车。他觉得很奇怪：这么早，怎么会有人把车开到这里来呢？于是，他走上前，想问明情况。

但是，车子的门窗紧闭着，车窗上蒙着一层水雾。这名警员透过车窗，只能模糊地看到一男一女躺在后座上。他敲了半天的车窗，见没有反应，就强行打开车门。然而，他发现里面的人已经死了。

汽油燃烧产生的一氧化碳进入车内，悄悄夺走了两人的性命。

福二摩斯和柯小南到郊外的树林里，看见了那辆红色的跑车。这时，周围已经被警方拦出了隔离带。

福二摩斯问警员："现场什么情况？"

"死者是一男一女。车子各部分都完好无损，车里也没有打斗过的痕迹。而且，两个人衣服整齐，表情安详，看起来不像是他杀。"警员回答。

"不是他杀，难道是殉情？"柯小南提出疑问。

"不像！你看那边还有一个雪人，可能是他们堆的。如果他们要殉情，不可能有心情堆个雪人！"福二摩斯一边说，一边用手指着旁边的雪地。

然后，福二摩斯探头看了看车里。当他看到仪表盘时，发现油表显示几乎为零！忽然，他灵光一闪，说道："凶手是一氧化碳！"

"这里又没有煤气，怎么会是一氧化碳中毒？"柯小南问。

"你看这里，"福二摩斯指着油表说，"汽油用完了，说明汽车引擎一直开着。你再看这里！"他又用手指向车窗，"车窗上面的水珠表明车内外温度相差很大，由此可以推断，两人夜里是开着空调睡着的。汽车在静止的时候开着空调，汽油燃烧后产生的一氧化碳会进入车内，再加上车窗紧闭，空气不流通，致命的一氧化碳就这样悄悄地夺走了他们的生命。"

这时，柯小南学着福二摩斯的语调，若有所悟地说："原来如此啊！"

小侦探大科学 | Xiao Zhen Tan Da Ke Xue

一氧化碳是一种无色无味的有毒气体。人一旦吸入高浓度的一氧化碳，其血液中负责运送氧气的血红蛋白就会与一氧化碳结合，使氧气无法运送到全身。人就会因为身体缺氧而昏迷，甚至死亡。

塔拉被人杀害了，她的舍友为摆脱嫌疑编织了一个看似天衣无缝的故事。那么，我们的警探是怎样识破她的骗局的呢？

13.骗局是怎样被识破的

塔拉和爱比在同一家银行的财务部工作。由于工作的关系，两人就在白领公寓合租了一套房子。十月份时，银行财务部的主管调往另一个城市工作，因此，必须有一个人尽快接管主管的位子，而财务部最有机会升职的就是塔拉和爱比！

爱比人品不正，经常在暗地里使用卑鄙的手段打击塔拉。而塔拉为人随和，希望用出色的工作业绩来赢得上司的认可。两人之间的明争暗斗，都被其他同事看在了眼里。他们很想知道，最后她们中哪一位会坐上主管的位子。

一天，柯小南吃过午饭后，坐在桌子前悠闲地看着报纸。慢慢地一股浓浓的睡意袭来，于是，他趴在桌子上呼呼大睡起来。

突然，“铃铃铃”一阵尖锐的电话声把柯小南从睡梦中叫醒。他一把抓起电话说：“喂，警察局！”

“我们公寓发生了一起谋杀案，请赶快过来一趟！地址在银行大厦旁的白领公寓五层501号。”报案者急促的声音从电话那边传来。

柯小南放下电话，立刻通知福二摩斯。两人发动车子，迅速朝事发地点驶去。

福二摩斯和柯小南来到案发现场，发现死者是一名年轻女子。经询问，他们得知死者名叫塔拉。

爱比的照片拆穿了她的谎言。

树木的年轮为人们指明方向，朝北的比较密集，朝南的比较宽疏。

塔拉还有一个舍友名叫爱比。福二摩斯和柯小南仔细勘察了现场，发现门窗没有任何被破坏的痕迹。除了地上那只被打碎的花瓶，房间整体上看起来很整洁。从死者的伤口来看，凶手应该是从塔拉后面发动袭击的。

接着，柯小南分析道："看来，凶手要么是塔拉的朋友，要么她本来就有房间的钥匙。而有房间钥匙的就是塔拉的舍友爱比。塔拉一脸不相信和痛苦的表情表明，她肯定和凶手很熟悉。而且，凶手是在塔拉毫无戒备时，突然发起袭击的。塔拉的伤口很深，由此推想，凶手想一刀置塔拉于死地。"

回到警局后，福二摩斯和柯小南对塔拉的社会关系进行了调查，结果发现塔拉的舍友爱比的嫌疑最大。从犯罪动机上来讲，爱比会为了顺利坐上主管的位子而杀死塔拉；从警方对凶手特性的分析上来看，爱比也是被怀疑的对象。

第二天，福二摩斯和柯小南来到了塔拉和爱比合租的公寓。当时，爱比正在公寓里收拾东西，准备搬家。她一见两位警探就解释说，因为塔拉死了，她也不敢在这里住下去了。

"现在你还不能离开，我们怀疑你与本案有关。请配合我们的工作，详细说明塔拉死亡的当天下午，你在做什么。"柯小南例行公事似的询问起来。

爱比一听，马上嚷嚷起来："没有证据，就不要冤枉人。塔拉死的那天下午，我正和朋友在郊外拍照。你们看，这就是那天下午拍的！看好了，这可是证据！"她从自己的行囊中找出一张照片，递给了福二摩斯。

福二摩斯接过照片看了看，然后递给了柯小南。随后，两人几乎异口同声地说："你在撒谎，这张照片就可以证明你不是下午出去的！请跟我们到警局吧！"

"你们冤枉人！"爱比大叫，脸上满是惊恐之色。

"好，那就让你心服口服！"柯小南气愤地说，"从照片上树根的年轮可以看出，你的影子是在西方，也就是说，当时太阳在东方，所以拍照时间是上午。如果照片是在下午拍的，那么太阳就会在西方，影子应该朝向东面。怎么样，还想抵赖吗？"

爱比听了，顿时瘫坐在地上……

小侦探大科学 | Xiao Zhen Tan Da Ke Xue

树木的横面上长着一圈一圈的印痕，每年增加一圈，这就是树木的年轮。树木朝向南方的部分接收到的阳光多，生长的速度比朝北的部分要快一些，所以比较宽疏；朝北的部分接收的阳光要少一些，生长得慢一些，所以年轮就比较密集。

老伊万像往常一样悠闲地看着报纸。为了提神，他喝了一杯咖啡。没想到，这杯咖啡却成了致命的毒药……

14.热咖啡杀人事件

一个闲暇的上午，福二摩斯正慢条斯理地整理着过去的卷宗，柯小南则拿着报纸乱翻一通。忽然，一个标题吸引了柯小南。

原来，富翁伊万结婚了！伊万是城里一个很有名的富翁，今年已经七十多岁了。他和第一任妻子的感情深厚。在他中年时，妻子因病去世。痛苦的伊万因为无法忘记自己的妻子，所以一直没有再婚。关于这件事，媒体还曾大肆报道过，宣扬伊万的专情。没想到，老伊万在古稀之年竟然再婚了，而且结婚对象还是一位年轻的小姐。

柯小南看完报道，便把报道内容简略地告诉了福二摩斯，然后饶有兴致地说："你说，这个年轻的女子为什么要嫁给老伊万呢？我想她是为了钱吧！那为什么老伊万到现在才娶妻呢？我想，可能是因为人老了，想有个人陪在自己身边吧！"

福二摩斯听后笑了笑，没有答话。

其实，正如所柯小南猜测，老伊万患有严重的高血压和心脏病。婚后，她的护士妻子格丽泰小姐的悉心照顾令老伊万非常满足和安心。至于格丽泰是不是为了钱才嫁给老伊万的，这就不得而知了。

一个月后，警方接到了报警，老伊万死了！

福二摩斯和柯小南迅速赶到伊万的家，发现老伊万神情痛苦地倒在地毯上，她年

福二摩斯盯着伊万身边的咖啡杯思索着，格丽泰在旁边伤心地哭泣。

轻的妻子格丽泰站在旁边不停地抽泣着。

柯小南仔细检查了伊万的身体，但是没有发现任何中毒的迹象。为了查证伊万的死因，伊万的尸体被送到了法医那里。

“伊万夫人，请你讲一下事情发生的经过。”福二摩斯问道。

“和平常一样，伊万吃过午饭就坐到藤椅上看报纸。不一会儿，他让我给他送一杯咖啡。我就端了一杯热咖啡给他，没想到，他喝完咖啡不久，就突然从藤椅上栽了下来，呜呜呜……”

随后，福二摩斯又问了问伊万日常的生活习惯。

格丽泰很配合地一一作答，言语间似乎流露出关切之意，但是神情上却显得比较冷淡。后来，福二摩斯接到电话：经法医证实，伊万死于心脏病突发。

“按理说，普通的咖啡里咖啡因含量不是很多。而格丽泰明明知道老伊万患有心脏病，她应该对咖啡做适当的处理，然后再给他喝。”福二摩斯盯着旁边的咖啡杯跟柯小南耳语。

“我现在就把这只杯子拿去化验。”说着，柯小南就戴上手套，把那只咖啡杯装进了透明袋，然后离开了现场。福二摩斯则留了下来。

这时，格丽泰的眼中好像闪过一种惊慌之色。很快，她又恢复了正常。不过，这一切都没有逃过福二摩斯的慧眼。

约摸一个半小时后，福二摩斯接到柯小南的电话：“化验结果出来了。从杯子里的残余物来看，格丽泰给伊万喝的是没有加糖和奶的黑咖啡。这种咖啡中的咖啡因浓度比较高。患有心脏病的人心脏原本就很脆弱，在热咖啡的刺激下，极易引起心脏病突发。”

挂掉柯小南的电话后，福二摩斯走到格丽泰面前，厉声说道：“伊万太太，请跟我们走一趟吧。我们现在怀疑您谋杀了您的丈夫。”

咖啡因是一种兴奋剂，高浓度的咖啡因强烈地刺激伊万脆弱的心脏，从而引起伊万心脏病突发。

小侦探大科学 | Xiao Zhen Tan Da Ke Xue

茶、咖啡、可可和可乐等饮料中都含有咖啡因。咖啡因是一种兴奋剂，它会增加人体心血管系统的负担。人体每天摄入的咖啡因不应该超过1500毫升，否则就有可能出现思考和言语的迟钝、无端疲惫和激动，以及心律不齐、失眠等咖啡因中毒的症状。

女影星瓦尼莎在自己的住宅里被害身亡。犯罪嫌疑人有两个，究竟哪一个才是真凶呢？

15.色盲嫌疑犯

两年前，德国籍女子瓦尼莎凭借着光彩耀人的外表和出众的演技迅速走红，享誉全球。明星的生活是大多数人关注的焦点。演艺圈内曾经流传，瓦尼莎的成功除了靠自己的努力外，实际上还得力于一个大财团的有利支持。但人们始终不知道这个财团是哪一个。

不过，人们对于瓦尼莎的私人生活更感兴趣。据说，瓦尼莎最大的爱好就是收集各式各样漂亮的鞋子。每次演出回来，她都会带回几双鞋子。

一天，瓦尼莎的助手突然打电话报案称，瓦尼莎在自己的别墅中被害身亡了。福二摩斯和柯小南闻讯后，立即驱车赶往现场。

他们仔细检查了各个房间，结果在瓦尼莎卧室的窗户上发现了脚印。

不久，福二摩斯接到电话：国际刑警证实了瓦尼莎是犯毒集团的成员，她刚刚从国外带进来一批毒品。国际刑警近期正在调查这个贩毒集团。

从警方已掌握的详细情报来看，瓦尼莎在十六岁时加入这个贩毒集团，至今已经有六年了。当初，为了方便帮助集团运送毒品，贩毒集团就派她加入演艺圈。原来人们

鞋架上的鞋子摆放得很整齐，但完全没有按标签标志进行排放。

一直在猜测的大财团正是这个贩毒集团！

福二摩斯和柯小南了解到这些信息后，迅速在瓦尼莎的房间展开了一次地毯式搜查。最后，他们在瓦尼莎收藏的几百双鞋子中发现了一些毒品的粉末。这证实了瓦尼莎参与了贩毒，并且在家中藏毒的事实。

患有红绿色盲症的人是无法辨清红色和绿色的。

同时，福二摩斯还发现，瓦尼莎的鞋架上贴着按颜色分类排列的标签。鞋子摆放得很整齐，但完全没有按标签标志进行排放。这是怎么回事呢？

柯小南根据现场留下的痕迹找到了两名犯罪嫌疑人，但是无法确认是哪一个。于是，他从档案科那里调来了这两个人的档案，看看能否从中找到一些有价值的线索。

福二摩斯接过其中一份档案看了起来。忽然，他在档案里看到有一栏写着“红绿色盲”。他笑着指着那个人的档案，对柯小南说：“是他！色盲对一些颜色是无法辨认的！所以，凶手为了掩饰罪行只能把鞋子摆整齐，而无法将鞋子按颜色摆好。”

接着，福二摩斯和柯小南把那个怀疑对象找来，通过对他进行现场实验，证实了那个人确实为色盲。随后，他们便指出此人为瓦尼莎被杀案的最大嫌疑人，并说明了其中的缘由。这个人在事实面前低下了头，并交待了犯罪经过。

原来，那个人也是贩毒集团的一员。前段时间，瓦尼莎向集团提出了退出的要求。集团头目说，只要瓦尼莎帮他们顺利运送一批货，就允许她退出。瓦尼莎爽快地答应了。事实上，集团头目非常担心瓦尼莎退出后会泄漏集团的机密，便命令他在她运送完货后将其杀人灭口。于是，在瓦尼莎回国的当晚，他便悄悄潜入了瓦尼莎的别墅，将其杀死。接着又在瓦尼莎的房间里来回翻找，终于找到集团所要的毒品。为了掩饰罪行，在离开之际，他开始整理被自己翻乱的房间。当他摆放鞋子时，装毒品的袋子被鞋子蹭破了一个小口，少许毒品洒在了鞋子上。而他意外漏掉的毒品和鞋子的摆放顺序恰恰为警方提供了重要的证据。

小侦探大科学 | Xiao Zhen Tan Da Ke Xue

色盲是指眼睛不能辨别颜色的病，它因眼睛的感光细胞出现病变而引起，多为先天性的。通常，人类眼睛的网膜上有三种锥状细胞，分别对红、绿、蓝三种颜色最敏感。如果任何一种或两种，甚至三种锥状细胞功能变弱或失去功能，便会产生不同的色盲。先天性的色盲以红绿色盲居多，后天的则以黄蓝色盲居多。

在严密的防范措施保护下，保罗夫人还是中毒身亡了。凶手是怎样避开保罗夫人的眼睛，对她下毒的呢？

16.神秘的投毒案

百万富翁保罗和夫人膝下无子，只有一个养女蕾亚。但是，蕾亚性格怪癖，为人狠毒，不值得依托，所以，保罗在临死前立下遗嘱，将自己名下的绝大部分财产留给了夫人。他留给养女蕾亚的唯一财产便是郊外的一栋房子。蕾亚根本不在乎那一栋房子，她看中的是保罗留下来的上亿财产。保罗生前曾再三叮嘱夫人，要处处提防蕾亚，以免她为了夺取财产而谋害她。

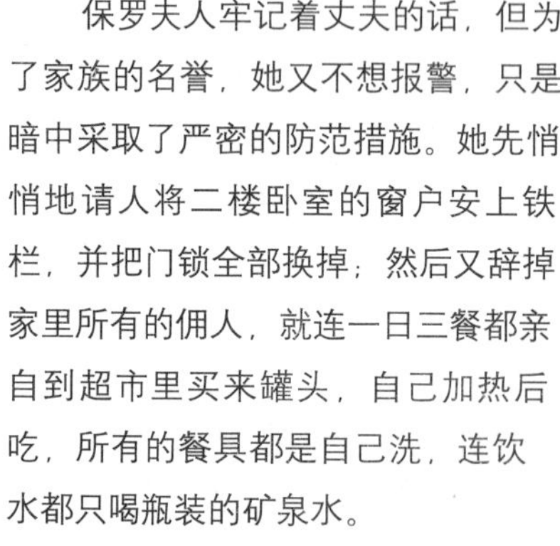

保罗夫人牢记着丈夫的话，但为了家族的名誉，她又不想报警，只是暗中采取了严密的防范措施。她先悄悄地请人将二楼卧室的窗户安上铁栏，并把门锁全部换掉；然后又辞掉家里所有的佣人，就连一日三餐都亲自到超市里买来罐头，自己加热后吃，所有的餐具都是自己洗，连饮水都只喝瓶装的矿泉水。

此外，她每周还请保健医生到家里来为自己检查身体，但只让医生帮自己量体温和血压。抽血、打针和吃药都是保罗夫人自己来。但尽管如此，保罗夫人还是在半年后去世了。

保罗夫人生前早已立下了一份遗嘱。根据这份遗嘱，法医对保罗夫人的尸体进行了解剖。

法医发现，保罗夫人是中毒而死的。她体内的毒素是一种无色无味的毒素。从毒素

在检查保罗夫人的房间时，两个警探将目光锁定在了一支体温计上。

通过口含式体温计，毒素一次次进入保罗夫人的体内。

的积含量来看，它是长期慢慢积累起来的，时间大约有半年之久。而每次服用微量毒素时，人体都不会有任何异常反应。但时间长了，毒素累积到一定程度，就会致人于死地。

福二摩斯和柯小南接手这个案子后，立即展开了深入的调查。据他们推断：从保罗夫人接触的人群来看，最有可能下毒的人是她的保健医生。但是，保健医生害死保罗夫人的动机是什么呢？难道是蕾亚收买了他？他们一时也无法下结论。

于是，福二摩斯和柯小南决定到保罗夫人的房间仔细查看一下，看看能不能找到什么有用的信息。当他们仔细检查保罗夫人的房间时，特别留意了桌子上的医疗器材和体检记录。福二摩斯翻看了一下体检记录，发现保罗夫人开始雇佣保健医生的时间正好是半年前。当他拿着体检记录转身正要和柯小南商量时，只见柯小南正摆弄着医疗器械，他的手里还拿着一支体温计。

“看，这是什么？” 柯小南平静地问。

“体温计啊！”福二摩斯说。

“没错，是体温计！但关键是，它是一支什么样的体温计！”柯小南又问。

“嗯？你想说什么？”福二摩斯追问道。

“它是一支口含式体温计！”说着，柯小南拿着那支体温计在福二摩斯眼前晃了晃，很神秘地笑了笑。

“哦，原来如此！保健医生就是用这支体温计实施犯罪的。”福二摩斯恍然大悟地说。

原来，在每次体检时，保健医生就会将无色无味的毒药涂在这支口含式体温计的前端，微量毒素就这样一次次进入了保罗夫人的体内，日积月累达到了致死的剂量。

后来经过调查，保健医生承认是蕾亚收买了他。蕾亚承诺，在保罗夫人死后，她会给医生一大笔钱。保健医生禁不住金钱的诱惑，便走上了犯罪的道路，一步步把保罗夫人推向了死亡！

小侦探大科学 | Xiao Zhen Tan Da Ke Xue

有毒物质对人体的伤害分为急性中毒和慢性中毒两种。保罗夫人就是因慢性中毒而死的。如果人体长期摄入微量毒素，不会马上死亡。但是，人体如果无法及时将毒素转化或排出体外的话，这些毒素就会在人体内积蓄起来，最终对人体各个器官和整体健康造成严重损害。

在一个密封的仓库里，一只珍贵的箱子被偷走了……然而，在失窃现场，警方没有发现任何可疑的痕迹，连铁窗上的蜘蛛网都是完好无损的！

17.失窃的珍宝箱

最近，福二摩斯病了，无法出去办案。所以，繁重的工作就全都落在了柯小南一个人的身上。

这时，隔壁办公室的同事走过来，交给柯小南一叠卷宗，说他们遇到一桩非常棘手的案子，目前还没有找到任何线索，想请他帮忙。

卷宗上记载：富商索罗斯有一个专门的仓库，用来放他收藏的各种东西，其中有一只装着古董的小箱子，格外珍贵。

每天早上和晚上，索罗斯都会在固定的时间检查仓库。可是，一天早上，他在查看仓库时却发现那只箱子不见了。仓库的钥匙只有一把，而且由他自己整天贴身带着，肯定没人动过。而在仓库现场，警察也没有发现任何痕迹，门锁上也没有第二个人的指纹。

柯小南看完卷宗，皱了皱眉头，一时也找不出什么头绪，便决定亲自到现场看一看。他驱车来到索罗斯家，索罗斯热情地接待了他并亲自带着他来到仓库。

柯小南走进仓库，环视四周，发现整个仓库非常封闭。除了门外，仓库里只有屋顶上的一个小天窗可以与外界接触。窗户上装着拇指粗的铁栏，虽然已经掉了两根，但上面布满了蜘蛛网。而现场的勘察笔录上又写着，铁窗上的蜘蛛网是完好无损的。

这些令柯小南陷入了思考：小偷是怎样进来的呢？

封闭的仓库里，除了门外，只有房顶上的一扇小天窗。

小偷从铁窗进出仓库。离开时，他把一只大蜘蛛放在铁窗上，利用蜘蛛织网来迷惑警方。

“除了您自己外，还有谁知道箱子放在仓库这件事情？”柯小南问索罗斯。

“应该没有吧！”索罗斯想了想，接着说，“哦，对了！箱子放进仓库之前，一直是放在我的书房里。那天，我正要把箱子放进仓库时，门罗来向我要钱。我赶紧把箱子藏了起来，也不知道他有没有看见。”

“门罗是谁？”柯小南若有所思地问。

“唉……他是我的外孙。不过，他是个败家子！多年前，我就已经把他赶出家门了。不过，他经常回来向我要钱。”索罗斯痛心疾首地说。

柯小南抬头看了看天窗，上面确实爬满了蜘蛛网。有一只蜘蛛还在上面不停地织网，向周围扩展着自己的领地。

这时，柯小南的电话响了，是好朋友托马斯打来的。托马斯说，最近他可能会过来拜访柯小南。

正在通电话的柯小南不经意间又看了一眼天窗，发现刚刚那只蜘蛛很快就要织完一张网了。

这时，他忽然想起了什么，忙问托马斯：“托马斯，你是专门研究生物的，那么我问你：一只蜘蛛织一张网需要多长时间？”

“一般来说，一只蜘蛛只要半个小时就能织好一张网。你问这个做什么？”电话那边疑惑地问。

“好的，托马斯，我现在有急事处理，以后再聊，拜拜！”柯小南挂掉电话，对索罗斯说：“我知道小偷是怎么做案的了。”随即他又通知其他警员准备工具检查铁窗。

果然，警员在铁窗上发现了指纹。经检验，指纹是门罗的。

原来，门罗是趁晚上天黑从窗口进出仓库的。他偷走箱子之后，在天窗的铁栏上放上事先准备好的大蜘蛛。而索罗斯是在早上来查看仓库的。从头天晚上到第二天早上这段时间，不仅足够门罗作案，而且也足够蜘蛛织出完完整整的网了。

小侦探大科学 | Xiao Zhen Tan Da Ke Xue

蜘蛛长有一个膨大的腹部，腹部通过一个短柄和前部相联。蜘蛛与其他动物最不相同的是，在它的腹部后端有三对突起器官，称为纺绩器。纺绩器跟体内的一种腺体相通，能够分泌出一种透明的液体，这种液体一碰到空气就会立即凝结成丝。蜘蛛就是用这种带有黏性的丝织成网来捕猎飞虫的。

马戏团的名演员在表演中突然失手，从高空坠落。现场一片混乱……这是一场谋杀，还是意外？

18.柿子汁杀人事件

玛丽夫人马戏团是世界上最富有盛名的马戏团之一。最近，他们来到福二摩斯所在的城市进行巡回演出。

在马戏团的所有表演中，最精彩的节目就是女演员艾琳娜表演的“空中飞人”！漂亮的女演员再加上扣人心弦的表演，吸引了全城人的目光。

这次是玛丽夫人马戏团在这个城市的最后一场演出了，因此，现场的观众格外多。艾琳娜看着现场人潮涌动的观众，露出了满足而又幸福的微笑。

福二摩斯和柯小南开车经过剧院门口时，柯小南无比向往地望了望剧院大门。柯小南非常希望可以看一场玛丽夫人马戏团的表演，可是，他们现在却要去处理一起案件。

表演开始了，一幕幕诙谐的表演让现场的观众捧腹大笑。轻松愉快的时刻过后，精彩绝伦的“空中飞人”表演就要开始了。

艾琳娜一登场，观众立刻爆发出热烈的掌声。人们看着艾琳娜被绳子慢慢吊升到空中，心也跟着提到了嗓子眼。就在大家期待艾琳娜精彩的表演时，她突然手一松，整个人从舞台上方坠落下来，当场身亡。

顿时，全场尖叫声四起。家长们快速遮住孩子的眼睛，并低下头不忍再看场上悲惨的景象。

福二摩斯和柯小南在半路中接到报案，被紧急召回。他们立刻调转车头向马戏团的表演现场开去。他们来到马戏团时，现场的观众都已经回家了，只有马戏团的工作人员

爱米的话提醒了福二摩斯。

卡萝殷勤献上的一杯柿子汁悄悄夺走了艾琳娜的生命。

留在了现场。

法医经过检验确定，艾琳娜不是死于意外，而是死于食物中毒。福二摩斯通过向艾琳娜的厨师询问情况了解到，艾琳娜在上台前曾经吃过奶油焗螃蟹和一点儿面包。但是经过化验，这些食物都没有问题。

福二摩斯又找艾琳娜的其他同事了解情况，并问：“除了这些，她还吃过别的什么了吗？”

这时，驯兽师爱米说：“艾琳娜平时肠胃确实不太好，可上台前还好好的，卡萝还拿了杯果汁给她喝呢。”

“卡萝是谁？”柯小南问。

“哦，卡萝是‘空中飞人’的替补演员。”

“替补演员？”福二摩斯接过话说，“那你知不知道那是一杯什么果汁？”

“好像是柿子汁吧。”

福二摩斯转向柯小南，说道：“我记得蟹肉和柿子好像是相克的两种食物，你马上查一下。”

柯小南拿出笔记本电脑，迅速查到资料：从食物药性来看，两种食物都是寒性，两者同食容易伤脾胃，尤其是脾胃不好的人更不能食用。由于螃蟹是含有高蛋白的食物，而柿子中所含有的单宁酸会使蟹肉中的蛋白质凝固，同时食用这两种食物后会引起人消化不良、腹泻、呕吐和头晕，尤其是肠胃不好的人更有可能发生胃出血而危及生命。所以螃蟹和柿子是不能同时食用的。

福二摩斯说：“原来如此，卡萝为了争取上台的机会利用这个原理杀死了艾琳娜。”

小侦探大科学 | Xiao Zhen Tan Da Ke Xue

柿子中含有丰富的糖分、果胶和维生素，有良好的清热和润肠的作用，是慢性支气管炎、高血压、动脉硬化患者的天然保健食品。不过，柿子中大量的单宁酸会影响身体对铁质的吸收，所以不宜多吃。

小偷的脸上有五条奇特的伤痕，他谎称是自己家的猫抓的，可福二摩斯却很快拆穿了他的谎言……

19.谁偷了树袋熊棒棒

案件缠身的日子终于可以稍稍缓和一下了。这天，柯小南本来打算在家好好休息一天的，没有想到侄子汤姆一大早就缠着他，让柯小南带他去动物园。

一进动物园的大门，汤姆就拉着柯小南朝树袋熊的馆舍飞奔而去，柯小南也发现今天来看树袋熊的人格外多。“汤姆，为什么这么多人在这里？”“大家都来看棒棒啊！”汤姆兴奋地回答。“嗯？棒棒？棒棒是谁？”“棒棒是前几个月出生的小树袋熊啊！今天是它和大家见面的第一天！”挤进人群里，汤姆和柯小南才发现，馆舍里哪里有什么树袋熊棒棒，大家围观的是一间空屋子！

看着汤姆疑惑的眼神，柯小南也感到万分不解，经过询问才知道，原来棒棒昨晚被人偷走了。失望的游客们全都围在这儿，等待警察到来查清此事。

柯小南连忙拉着汤姆挤出人群，一抬头就看见福二摩斯正朝这边走来。柯小南把汤姆交给同事看管，然后立刻和福二摩斯对现场进行了仔细的勘查。

现场没有留下任何可疑痕迹，连脚印和指纹都已被擦拭干净了。从这一点上来说，这个小偷作案之前的准备工作做得非常充分。福二摩斯问管理员：“除了饲养员，这几天有没有其他的人接触过棒棒？”管理员想了想说：“没有，棒棒前几天不舒服，还闹情绪，只认一位饲养员，别的人喂它都不吃。”柯小南在地上

两位警探对嫌疑人的伤痕进行了仔细的比较。

可爱的树袋熊拥有一对很特别的前爪。

找了一会儿，也没有新的发现，不禁气愤地说：“真狡猾，连根头发都没有落下！看来这个案子还真有点难度。”

福二摩斯想了想，问道：“有没有可能是动物园内部的人作的案？”“不管是不是内部人作案，现在关键是我们没有任何线索呀！”柯小南甩了甩头，懊恼地说。忽然，他眼睛的余光扫到了一个亮晶晶的物体。他仔细一看，原来在屋顶的角落里有一个微型摄像头。管理员见状，不禁拍了拍脑袋，说：“哎呀，瞧我这记性！前几天，棒棒不舒服，我们为了及时了解它的情况，就在屋子里装了摄像机。”柯小南迫不及待地说：“快把当晚的录像带拿来。”

录像带播出了一幅幅清晰的画面。深夜，一个蒙面人悄悄潜入树袋熊的馆舍，从树袋熊妈妈的怀里抢走了棒棒。虽然他遭到了树袋熊妈妈的顽强抵抗，但还是阴谋得逞了。大家紧紧地盯着画面，可惜直到最后这个蒙面人也没露出他的真面目。满怀的期望落空了，柯小南丧气地低下了头。这时，一直在仔细研究录像画面的福二摩斯开口了：“你注意到没有，罪犯偷走棒棒的时候，他的脸被树袋熊妈妈狠狠地抓了一把。”柯小南立刻振奋起来：终于找到了一丝线索！他立刻出发，展开了调查。

三天后，两名嫌疑犯的照片被送到了警察局。柯小南看着照片说：“两个人脸上都有抓痕，一个说是被家里的狗抓的，一个说是被猫抓的，到底哪一个才是小偷呢？”福二摩斯拿起桌子上的照片，仔细对比了一下，说：“当然是右边的嘛！”

柯小南惊讶地问：“你怎么这么肯定？”“你看看，这两个人的伤痕有什么不一样？”福二摩斯问。柯小南说：“右边照片上的人脸上有五道抓痕，比左边照片上的人的抓痕多了一道。”柯小南伸出自己的手，在照片上比划了一下，说：“好像是人抓的，但又有点不一样。真是奇怪！”

“是的。你分析得很对！树袋熊的前爪和别的动物不太一样：共有五个指头，其构造和人类的手差不多，但是它的食指长得和拇指同一个方向，而且长度很接近。从伤痕上看，小偷就是他！”福二摩斯说着一把把小偷的照片拍在了桌子上。

小侦探大科学 | Xiao Zhen Tan Da Ke Xue

树袋熊又叫考拉，是澳大利亚特有的原始树栖动物，属有袋哺乳类。它性情温顺，体态憨厚可爱，十分善于爬树，以树为家。其长相酷似小熊，生有一对大耳朵，鼻子扁平，无尾，身披一层浓密的灰褐色短毛，胸部、腹部、四肢内侧和内耳皮毛呈灰白色。小树袋熊出生时只有两厘米大，在妈妈的育儿袋里长大，长大后的树袋熊身长约80厘米。

杰弗里和塞弗尔正在喝酒， 突然，杰弗里呕吐起来，他捂着肚子，摇晃着站起来，指着塞弗尔说：“你……你下毒！”

20.谁在酒里下了毒

一个冬日的傍晚，福二摩斯和柯小南刚刚办完一件案子，正驾着车行驶在归途中。天气从下午就开始变坏了，福二摩斯担心天气更加恶劣，不由得加大了油门。但没走多远，大风雪就来了。

“看来是走不了了，咱们先找个地方避避风雪吧！”柯小南对福二摩斯说。

“只能这样了。咦，前面好像有灯光。”福二摩斯迅速朝有灯光的方向开去。

打开壶盖，福二摩斯发现酒上面浮着一层黑膜。

这是一家乡村小酒馆。两人一推开门，一股暖意便扑面而来，顿时让他们感到放松了许多。可能是因为天气的缘故，酒馆里只有一桌客人——两个男人面对面坐在酒桌前正高兴地说着什么。当他们看到福二摩斯和柯小南时，其中一个男人立刻站起来招呼他们，原来他就是这家酒馆的老板——杰弗里，而对面的男子是他的好朋友塞弗尔。杰弗里笑着说：“两位先生看着有些面生，应该不是本地人吧！”“呵呵……我们在前面的镇子刚刚办完一件案子，路经这里，避避风雪。”福二摩斯也微笑着回答道。

“这是我们酒馆自制的酒，请二位警官慢用！”酒店老板杰弗里送上来一大壶酒。“谢谢！”柯小南说。

很快，杰弗里已坐回塞弗尔对面，两人重新交谈起来。

门外的风雪越来越大，似乎一时半会儿停不了。酒馆里飘着舒缓而优美的音乐，壁炉的柴火劈劈啪啪烧得正旺。福二摩斯和柯小南慢慢地喝着酒聊着天，享受着这番难得的宁静和惬意。

忽然，杰弗里和塞弗尔一个击掌，异口同声地说道："合作愉快！"福二摩斯和柯小南循声望去，不禁相视而笑。看来这两人是在谈一笔生意，而且还颇为顺利。

不一会儿，杰弗里站起来走到吧台，用托盘端出一把精致的酒壶。这个酒壶造型精致，工艺精美，古色古香，顿时吸引了福尔摩斯和柯小南的目光。福二摩斯对文物学颇有研究，一眼就看出这是个古董酒壶，而且价值不菲。

正当福二摩斯给柯小南讲关于古董的知识时，忽然，酒店老板杰弗里呻吟着呕吐起来，指着塞弗尔说："你……你下毒！"

塞弗尔被眼前的事情吓得不知所措，忙说："不是我！不是我！"柯小南赶紧打电话叫救护车，而福二摩斯则回过头来，向塞弗尔查问事情的经过。塞弗尔说："我们刚刚谈好一笔生意，正在干杯庆祝，他喝完就成这样了。我们是生意合作伙伴，我怎么可能害他？""是这壶酒吗？"福二摩斯拿起桌子上的那把古董酒壶问塞弗尔。"是的。"塞弗尔接着说，"杰弗里拿出这酒壶，说是为了庆祝我们的合作而特意准备的。他还跟我说这是一把珍贵的锡质古董酒壶。我刚刚看到时也觉得很新奇，但是，我真的没有下毒啊！"

"你没有下毒，难道是我们下的毒？！从头到尾都是你们俩在一起。肯定是你趁他去拿酒壶时，在他的酒杯里下的毒！要不然怎么他有事，你却好好的？"柯小南严厉地质问塞弗尔。"可是，警官，我的酒还没有喝呢，我当然没有事。"塞弗尔无奈地解释说。柯小南回头看了一下酒杯，果然，塞弗尔的酒杯是满的。

古董锡壶经过加热，壶里的酒就会生成浓度很高的铅盐。

福二摩斯端起酒壶，仔细查看后发觉酒壶还是温的——这显然是因为怕酒太凉，所以杰弗里给酒壶加热了。接着，他打开壶盖看了看，里面酒的表面竟然漂浮着一层黑膜。见此情状，福二摩斯心里有数了，他拍拍塞弗尔的肩膀说："别担心了，塞弗尔先生！凶手是这把酒壶。"这时，救护车赶来了，及时把杰弗里送到了医院。

塞弗尔问福二摩斯："警官，凶手怎么会是那把酒壶呢？"福二摩斯笑笑说："古代的锡质酒壶一般都是用铅锡合金制成的，铅的含量比较高。杰弗里把盛着酒的锡壶放在火上加热，酒里就会生成浓度很高的铅盐，也就是酒面上浮着的那层黑膜。杰弗里得的是急性铅中毒。"

小侦探大科学 | Xiao Zhen Tan Da Ke Xue

铅是人类最早使用的金属之一。公元前3000年左右，人们就已经从矿石中提炼出了铅。铅不仅对人的神经系统有害，而且对儿童的生长发育和智力发展也会产生严重的危害。铅作为一种重金属元素，一旦被开采出来，就不会被降解，所以铅污染会长期存在于环境中。

让死人开口说话是不可能的，但是死人却可以出来作证！不信吗？那我们就一起去看看。

21.死人也能作证

深夜，农场的马棚里传出一男一女激烈争吵的声音，接着又安静了一段时间。忽然，伴随着一声惨叫，男子慢慢地倒在了地上。他痛苦地呻吟着、挣扎着，眼睛望向女子，祈求她救自己一命。女子却眼含泪水，无奈地摇了摇头。男子捂着伤口，最后终于停止了挣扎，女子流着眼泪凑近男子，将手放在他的鼻子跟前，看他是否真的停止了呼吸。

忽然，垂死的男子猛地伸手抓住了女子的手腕。女子惊恐地挣脱男子的手，一个踉跄，跌倒在旁边的草堆上。她心惊胆颤地看着男子咽下最后一口气后，才慢慢站起身来，拖着不停发抖的身体，匆忙逃离了马棚。

第二天恰好是星期天。上午，福二摩斯和柯小南早早地相约去郊外的农场骑马。正当他们在马棚挑选马匹时，一个金发女郎从隔壁马棚里仓皇地冲出来，大叫着："快来人啊！有人被杀死了！"福二摩斯和柯小南急忙跑了过去。只见一个骑手打扮的人倒在干草堆上。一把尖锐的冰锥正刺在他的肋下。福二摩斯立刻打电话让法医过来。

福二摩斯忽然发现女郎的袖口有一处可疑的血迹。

经过检查，法医确定，冰锥并没有刺中要害，男子是死于失血过多，如果当时能被立刻送往医院，也许不会死。法医还确认，男子已经死了八个多小时了，也就是说是昨晚被杀死的。由于现场没有勘查到明显的打斗痕迹，因此福二摩斯初步判断凶手是趁男子没有防备时近距离将他杀死的。

福二摩斯转过身正要询问那位还在发抖的金发女郎，忽然发现她捂着嘴巴的一只手的袖口上有一小块血斑。

福二摩斯就问她："小姐，请问你的袖口是怎么回事？"

"我的袖口？怎么了？"女子仔细检查了一下袖口反问道。

当她看见那一小块血斑时，脸色顿时变得煞白，结结巴巴地说："天啊！这……这是怎么回事？可能是刚刚进来牵马时不小心蹭到的吧！他是我的……呃，是墨菲，我的驯马师。"

"小姐！请不要再编谎言了。人的血液一流出身体，就会在短时间以内凝固，而人死后，身体里的血液也会在两三个小时之内凝结。墨菲已经死了八个多小时了，血液早就凝固了，怎么可能蹭到你的身上！"

女郎一下子瘫坐在地上，哭着说："呜……我真的不想杀死他，他其实是我的……男友。但是，他和我交往是为了我家的财产，知道此事后我很气愤。所以，我昨晚约他到这里谈判。可是，他这个无赖……竟然不肯就此罢手，还威胁我说如果我离开，他就会造谣诋毁我的名誉。我……走过去假装拥抱他，他以为我妥协了，就放松了警惕。就趁这个时候，我杀了他。"

女郎目光空洞地直视着前方，顿了顿说："……他祈求我送他去医院，但是，他这样的无赖是不会悔改的。直到他咽下最后一口气，我才离开。今天早上我本想过来看看有没有人发现他的尸体。听见你们在隔壁，我就冲了出去，希望警察来调查案件时不要怀疑我，可是……"

福二摩斯和柯小南听了叹息说："唉……真傻，选择了一种愚蠢的方式来惩罚一个无赖。"

男子临死前抓住女郎的手，留下了破案的线索。

小侦探大科学 | Xiao Zhen Tan Da Ke Xue

人体如果大量出血，会导致严重的器官损伤，威胁生命。所以人一旦受伤，血液离开血管几分钟后，溶解在血浆中的纤维蛋白原就会变成纤维蛋白细丝，从而使血液凝结，不再流动，以防止失血过多。

四个好朋友相约去海边潜水，谁知这却是一次暗藏危机的死亡之旅……

22.死亡潜水

炎炎夏日的午后，佛兰肯、卢索约了另外两个好朋友去海边潜水。四个人开车来到海边，把潜水的装备从车子上卸了下来。

像往常一样，佛兰肯蹲下身子正要为伙伴们准备器材。这时，卢索跑过来，热情地说："佛兰肯，每次都是你为大家服务，今天让我来吧！"

"你行吗，卢索？"佛兰肯看着每次都会偷懒的卢索，笑着问道。他那年轻的笑脸在阳光的照耀下露出灿烂的光芒。

"当然！你先过去和他们一起休息一下吧，这里交给我了！"卢索爽快地回答。

佛兰肯走过去和其他两个朋友一起喝了点水，等待卢索准备器材。

"快过来吧，伙计们！"卢索准备好一切，冲他们大喊。

天气太热，四个人快速穿好潜水衣，再次检查了随身携带的所有装备，并约好下午五点在岸上集合。走在最后的卢索看着前面的伙伴，目光闪过一丝复杂的神情。

四条健硕的身影相继潜入海底。当阳光慢慢收敛起它的强悍时，卢索和另外两个朋友陆续上了岸，可是却没见到佛兰肯的身影。三个人不禁猜想佛兰肯一定是因为玩得起劲，想多待一会儿。到了五点半左右，佛兰肯还是没有上来，大家才发觉事情不妙，立刻打电话报警。

福二摩斯把目光聚焦在佛兰肯身边的氧气筒上。

原来，早有预谋的卢索利用准备器材的时机，偷偷为佛兰肯换上了高纯度的氧气筒。

福二摩斯和柯小南接到报警电话，立刻通知有关部门一起前往海边。蛙人潜入海底进行一番寻找后，终于在海底的一个小坑里发现了佛兰肯的尸体。经过法医的检验，认定佛兰肯死于心脏麻痹。

柯小南猜测说："看样子他是在水下突发心脏病。但是，佛兰肯应该很清楚自己的身体状况，如果会出现这种情况，他就不会来潜水了。"

接着他又问了卢索和其他两人，他们也都说佛兰肯的身体素质很好，以前潜水从来没有发现他身体有任何异常。

福二摩斯仔细看了看佛兰肯的尸体，又看看旁边放着的氧气筒，对柯小南说："不要那么快下结论，先把氧气筒拿去检查一下。"

大约一个小时后，柯小南拿着化验单开车回到海边，对福二摩斯说："氧气筒里面装的是高纯度的氧气。"

福二摩斯用手摸摸下巴说："原来如此啊！氧气筒是谁准备的？"

站在福二摩斯旁边的一个小伙子说："平常都是佛兰肯准备，但今天的氧气筒是卢索准备的。"

"看来佛兰肯的死和这个人脱不了干系了。"

福二摩斯说完走向卢索，对他说："我们现在怀疑你蓄意杀死了佛兰肯。请跟我们走一趟吧！"

"佛兰肯的死和我有什么关系？"卢索大叫。

"佛兰肯的氧气筒就是证据，你把佛兰肯的氧气筒换成了另外一个一模一样的、装有高纯度氧气的氧气筒。人长时间吸入这样的氧气会引起中毒，甚至导致死亡。你故意为佛兰肯准备纯氧，当然也就具有最大的谋杀嫌疑。"卢索在确凿的证据面前不得不承认自己在准备器材时，悄悄地把佛兰肯的氧气筒换掉了。

小侦探大科学 | Xiao Zhen Tan Da Ke Xue

大气中约有21%的氧气，人类在这样的环境中生存进化，各种生理机能已经适应了环境，正如缺氧会影响人体正常的代谢一样，摄入过多的氧气也会打破人体的代谢平衡，引起肺水肿和呼吸衰竭。一般来说，潜水所用的氧气筒中的氧气的比例与空气中的应该是相近的。

刺耳的警笛声在北京的一个四合院里响起，人们都在悄悄议论：这里发生了什么？

23.四合院里的谋杀案

一辆警车在马路上呼啸而过。很快，刺耳的警笛声在一条安静的胡同里响起，警车最后在一个四合院门口停下。警察迅速走进一户人家，因为，这一家的夫妇俩被人杀害了……

福二摩斯和柯小南正巧来北京出差，顺便探望公安局里的一个朋友李华。接到居民的报案，福二摩斯和柯小南随着李华一起来到了现场。

经过对附近居民的调查，警方确认当天下午没有可疑的人来访，但是同时也了解到前一段时间，这家的张师傅和张强、李进两家发生了口角。这一点吸引了福二摩斯和柯小南，警察找来张强和李进。但二人都说，这么多年的邻居了，张师傅的为人大家都知道，谁也不会放在心上的。但据对周围邻居的调查，大家都反映说张强虽说脾气暴躁，倒也是个宽心的人。但李进却有点小肚鸡肠，平时就爱暗地里捣鬼。

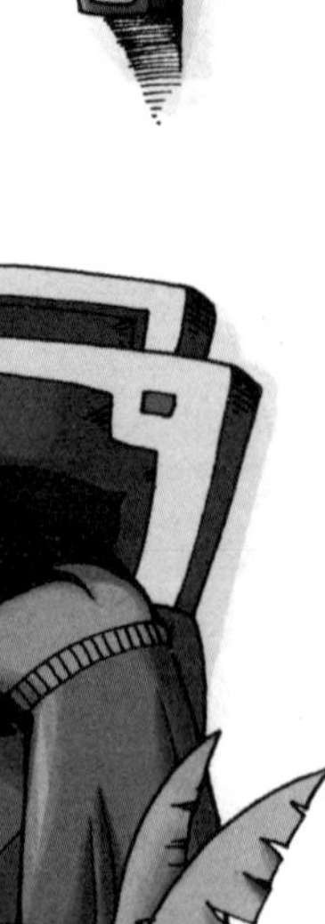

被发现时，夫妻俩的尸体在床上，尸体已开始变冷。

据知情人反映，三家发生口角的事情经过是这样：这个四合院里住着三户人家：张师傅夫妻俩，张强，还有李进。张师傅是一个热心肠、直脾气的人，大事小事只要他看不惯就想说说，为此得罪了不少人。

前不久，不知为了什么事情与对门的张强和李进发生了争执，双方都在气头上，说话重了些，结果差点打起来。这件事情过去就过去了，三家人住在一个院子里，低头不见抬头见，大家很快便恢复了往日的和睦。

谁知道，就在当天傍晚，居委会的小王找张师傅有点事，在院子里大着嗓门喊了几声。要在平时，张师傅一听见叫他，早就出来了。可今天，小王等了半天也不见张师傅出来。他便走上前敲了敲门，门却自己开了。小王心里直纳闷，又喊了两声，里面还是没有人答应。于是，小王推开门走进去。屋里还是没有响声。小王心想，难道家里没人吗？如果没人在家，那么门为什么没有锁呢？难道是遭贼了吗？

正在他刚走到卧室门口时，发现张师傅夫妻俩倒在床上，已被人杀了！小王吓得直往外跑，大叫："出人命了，快来人啊！"接着，他就马上报了案。

福二摩斯继续追问当天张强和李进都在什么地方，干了些什么。

张强说："我那天和朋友一起看电视、聊天，上午十点出去买了包烟，用了十分钟。然后，我就打电话让其他的朋友过来打麻将，一直打到小王来收电费。再没多久，我就听见小王大喊：'出人命了！'就这些，你不信，我这么多朋友都可以作证的。"

而李进说："我和朋友聚会，下午三点多去买蜡烛，这附近就一个小卖部，也用了十分钟。"

这时，李华走过来说："尸体是在六点整发现的，当时尸体的温度是35℃。"

柯小南接着说："而今天下午的温度在17℃左右。"

福二摩斯分析道："人的正常体温是37℃左右，人死后，体温会逐渐下降。一个普通成年人的尸体在16℃～18℃的环境中，体温平均每小时大约下降1℃。死者六点时的体温是35℃，应该差不多是两小时前死亡的。所以三点多出门的李进嫌疑最大！"

李进被警察带走了，张强看着空落落的四合院，发出一声叹息……

凶手快速跑出去买东西，就是为了给自己赢得作案时间。

小侦探大科学 | Xiao Zhen Tan Da Ke Xue

尸体冷却的速度受到死者的年龄、身体状况、死亡原因、外界环境等情况的影响。一般来说，儿童、老人、身体瘦弱的人，还有慢性病、大出血、大面积烧伤致死的人比突然死亡的人的尸体冷却速度要快。

一个酒鬼在聚会上突然倒地身亡，法医认定他是因酒精中毒而死。而福二摩斯在接手这个案件后，却推翻了法医的结论……

24.他是酒精中毒吗

林奇是远近闻名的酒鬼。每天下班后，他都醉醺醺地回到家里。林奇太太对此十分厌恶，后来实在无法忍受和这样的丈夫生活在一起，便和林奇离婚了。离婚后的林奇十分感伤，决定痛改前非，不再酗酒。

林奇有个朋友名叫汤姆森，是一家小洗衣店的老板。汤姆森在自己三十岁那一天，邀请了十几个朋友到家里来，举行了一个小小的生日宴会。林奇也在受邀者之列。结果，林奇一高兴就忘记了自己先前的决定，端起了酒杯。推杯换盏之间，他已经喝得分不清东南西北了。

这时，汤姆森端着一盘意大利番茄面朝林奇走过来，笑眯眯地对他说："林奇，吃点我亲手做的面条吧！"

林奇笑了笑，打了个酒嗝，说："好。"然后，他就要去接汤姆森手中的意大利番茄面。可是，汤姆森走到他身边时，脚下故意一绊，结果一大盘面都扣在了林奇身上，盘子随后落地，摔成了碎片。林奇的浅色西装已经变得污渍斑斑。

大厅里，朋友们正相谈甚欢，忽然听到餐具掉在地上的声音，他们这才知道汤姆森打翻了东西。

汤姆森连忙道歉说："真不好意思！正好卫生间里有一瓶洗衣店专用的干洗剂，去油效果很好，你快去处理一下吧。"

林奇真的死于酒精中毒吗？福二摩斯百思不得其解。

林奇点了点头，对在场的朋友说：“我……我先离开一下。”随后，他便摇晃着走向卫生间。

林奇在洗手间好不容易才找到一瓶东西。他努力睁大眼睛，想看清楚它是不是洗衣剂。无奈，他眼前一片模糊，根本无法看清楚瓶子上的字。他嘴里念叨着：“不管了，汤姆森说有干洗剂，肯定就是这一瓶了。”接着，他就开始迷迷糊糊地用这瓶东西去除衣服上的污渍。十几分钟后，林奇才从卫生间走出来。他走到大厅后，又拿起桌子上的一杯酒喝了两口。

原来，干洗剂里所含的四氯化碳能使林奇体内的毒性增强，从而导致了他的死亡。

有人开玩笑说：“你这个酒鬼，小心喝出毛病！”说完，大家都跟着笑了起来。

可就在这时，朋友的玩笑应验了，林奇突然一头栽倒在地上。在场的朋友们的笑声戛然而止。一些人赶紧凑上前去，大声叫着林奇。有人急忙打电话叫救护车。但是，林奇很快停止了呼吸。救护车赶到时，收走的只是林奇的尸体。

福二摩斯接手这件案子时，林奇被认定是死于酒精中毒。但是，这个案子却有一些疑点不能解开。比如，林奇在当天并没有喝得不省人事，也就是说，他体内的酒精含量并没有达到致人死亡的数量。

为了把案子查得水落石出，福二摩斯再次找到当时的目击证人，详细了解了当时的情况。然后，他又来到了汤姆森的家，并仔细检查了卫生间。那瓶洗衣剂依然摆放在卫生间的洗手台上。

福二摩斯拿起来一看，这种干洗剂含有一种叫四氯化碳的成分。这时，他突然明白了导致林奇死亡的真正原因。随后，他以谋杀的罪名逮捕了汤姆斯。经过详细盘问，汤姆森承认了自己的罪行。

汤姆斯故意弄脏林奇的衣服，目的是让他用干洗剂去污。喝醉酒的林奇难以辨清干洗剂的成分，便匆忙地使用，结果吸入了大量的四氯化碳气体。这些气体在酒精的催化下导致林奇呼吸中枢麻痹和肝脏、肾脏损伤，最终导致林奇的死亡。而且，四氯化碳中毒和酒精中毒的症状很像。法医正是因为被这种假象所迷惑，才误将林奇的死因断定为酒精中毒。

小侦探大科学 | Xiao Zhen Tan Da Ke Xue

干洗剂中含有的四氯化碳，是一种肝脏毒素。饮酒者因体内代谢酶诱导剂的作用，可使四氯化碳的毒性增强。四氯化碳是一种易挥发的无色液体，通常用作化工原料和有机溶剂，在化工生产上用途很广。为了避免四氯化碳对人类的健康和环境造成不良影响，近年来，世界各国已经禁止使用四氯化碳制成干洗剂了。

一栋空无人烟的大楼里，一个小火星在不安分地跳动着，屋内的空气也显得异常躁动，一场大火正在这里悄悄酝酿……

25.通风扇与纵火案

几年前，艾略特和朋友合伙开了一家贸易公司。实际上，艾略特是这家公司的老板。最近，公司由于资金周转不灵而陷入了困境。艾略特四处奔波也无济于事，整日里愁眉不展。

一天，一筹莫展的艾略特只好来到酒吧里借酒消愁。凑巧的是，他在这里遇到了一个多年未见的老同学。两人打过招呼后，就坐在一起喝酒聊天。

话题谈及公司，艾略特便极其无奈地把事情的经过告诉了同学。老同学半天默不作声，然后喝了一口酒，神秘地说："办法倒是有一个，不知道你敢不敢做！"

艾略特急忙问："什么办法？"

老同学趴在艾略特耳朵边嘀咕了一会儿……

艾略特听了，喃喃地说："我……需要好好考虑考虑。"

周末下班后，其他职员陆陆续续离开了公司。最后，公司里只剩下艾略特一个人。跟往常不一样，艾略特并不着急回家，而是慢慢地从楼上走到楼下，在各个房间里转悠，一遍又一遍地抚摸着公司的办公物品。他做完这些事情后，又搬进来一个罐子，然后默默锁上了公司的门，叹了口气，这才转身离开了公司。而此时，在公司的地板上，一支未熄灭的烟头

福二摩斯看到墙上的通风扇，发现它竟然是倒过来安装的！

倒转的通风扇不断将窗外的氧气吹进室内，室内的小火星在氧气的助燃下渐渐变成火苗，最终引起了大火。

在不停地忽闪忽闪……

就在大家都忙着过周末时，艾略特的贸易公司在毫无预兆的情况下，突然燃起了熊熊大火，而且火势非常猛烈。当消防员赶到时，大火已经烧毁了大片楼房，现场已经被烧得几乎不剩什么了。

艾略特的贸易公司损失惨重。员工们都觉得这场火灾发生得太过突然，私下里便怀疑有人故意纵火，于是悄悄地报了警。

福二摩斯和柯小南接到报案后，立即对贸易公司和公司职员的情况展开了调查。

通过调查，他们得知，艾略特的公司正陷入困境！如果这场大火被证实是一次意外，艾略特便可以得到保险公司的一大笔赔偿金，那样就可以帮公司渡过难关！由于发生火灾这天，艾略特是最后离开公司的，因此，警探们都怀疑这场火灾是艾略特自己故意制造的。

但福二摩斯和柯小南对现场进行仔细地检查，并没有发现任何点火装置，室内线路也没有漏电的迹象，门窗也没有被撬的痕迹。而公司里唯一可能的火源就是男士们抽剩的烟头。但是，一个小小的烟头怎么能够引起这么猛烈的火势呢？

火灾过后的现场，烟雾弥漫，室内异常闷热。柯小南找到开关并试图打开通风扇，可是整栋楼早已断电了。

福二摩斯指着通风扇对柯小南说：“你还指望它能转啊？”

就在福二摩斯抬头看通风扇时，忽然发现那台通风扇是倒过来安装的。这时，站在窗户旁边的柯小南说：“看，这里有一小罐医用氧气！”

福二摩斯忽然脸色一变，沉默了一两分钟，然后气愤地说道：“原来如此！这就是小烟头造成大火灾的原因！艾略特让通风扇倒转把窗户外的氧气吹进室内，然后丢下一个有火星的烟头；当室内氧气达到30%的时候，火星就会变成火苗，并且迅速燃起大火。这样，他就可以拿到保险金了。”

小侦探大科学 | Xiao Zhen Tan Da Ke Xue

一般来说，燃烧需要三个要素：氧气、可以燃烧的物质和适宜的温度。氧气是一种比较活泼的气体，也是重要的氧化剂和助燃剂。可燃物与氧气接触面积越大、氧气的浓度越高，就越容易燃烧。可燃物质在较纯的氧气中燃烧，会比在空气中燃烧剧烈得多。

一大早，动物园的饲养员按时来喂养鸵鸟，却看到一幅怵目惊心的惨象：两只鸵鸟被残忍地剖开了肚子！难道歹徒和鸵鸟有深仇大恨吗？

26.鸵鸟血案

一天，动物园的园长汤姆先生显得格外地兴奋。他不时地张望着大路的一方，好像在等待重要人物的到来。其实，他等的不是某些人，而是两只鸵鸟！几个月前，他曾从南非订购了两只鸵鸟，今天，它们就要运到了。

下午两点多的时候，两只鸵鸟终于来到了动物园。汤姆先生见了，更是高兴得合不拢嘴，赶忙把鸵鸟们请进了事先准备好的鸵鸟园。

周末，鸵鸟园顺利对外开放。两只鸵鸟憨态可掬的样子，吸引了一批又一批的游人。在众多游人当中，有两名表情异常的男子似乎并没有心情游览动物园。他们的眼睛死死地盯着那两只鸵鸟足足有二十分钟，然后才匆匆离开。

几天后的一个早晨，饲养员来给鸵鸟喂食，一眼就看见它们已经被人剖开了肚子！鸵鸟流了

鸵鸟栽倒在地上，生命危在旦夕。

一地的血，躺在地上痛苦地挣扎着，眼看快活不成了。饲养员连忙跑去告诉汤姆先生，汤姆先生立刻报了警。

福二摩斯和柯小南接到报案后，立即来到了现场。经过一番细致的勘查，福二摩斯断言："凶手把鸵鸟的身体留在了动物园里，看来他们真正的目标不是鸵鸟！"

柯小南气愤地说："那人肯定心理不正常，下手竟然这么狠毒！"

这时，法医走过来对福二摩斯说："我们初步检查了一下，发现鸵鸟事先被打了麻醉枪。"

"看来，凶手用了麻醉枪，他们的目的就是为了剖开鸵鸟的肚子，倒不一定是要虐待它们。难道鸵鸟的肚子里有他们要的东西吗？"福二摩斯看着鸵鸟，摸着下巴，大脑开始高速运转起来。

鸵鸟的肚子里究竟会有什么重要的东西呢？

不一会儿，柯小南的手机响了。他接通后讲了几句话，最后说："好……明白！"

随后，柯小南转身对福二摩斯说："上头接到南非警方的通知，最近有一批钻石从南非走私过来。可是海关那边这几天一直没有查到，让我们协助调查。"

"怎么最近的案子都与南非有关？先是从南非来的鸵鸟遇害，然后是南非的钻石走私入境。接下来，不知道还会有什么案子与南非扯上关系！"柯小南无奈地补充道。

福二摩斯听后猛拍脑袋说："柯小南，你真是一语惊醒梦中人啊！快查运送鸵鸟的货运公司，鸵鸟血案跟他们有关系！而钻石走私这件案子，他们也脱不了干系。"

柯小南听后一时摸不着头脑。他不解地问："鸵鸟的案子和钻石走私案怎么会有关联呢？"

"鸵鸟因牙齿退化，需要经常吞吃一些小石子一类的硬东西，来磨碎食物。而那些小石子会一直留在胃里。走私贩就是让鸵鸟把钻石吞到肚子里，才通过了海关的检验。运到之后，他们又把鸵鸟的胃切开，取出了钻石。而这一切只有货运公司能够做到。"福二摩斯若有所思地说。

走私犯利用鸵鸟吞食小石子的习惯，让鸵鸟吞进钻石，才使走私的钻石通过了海关的检验。

小侦探大科学 | Xiao Zhen Tan Da Ke Xue

鸵鸟是世界上最大的鸟类，生活在非洲的草原和荒漠地带。它们的翅膀已经退化了，所以不能飞翔。不过，成年鸵鸟的奔跑能力非常惊人，一小时能跑六十多千米，连羚羊和野马也要甘拜下风。

清晨，当一个尖锐的高音从布里奇的家里传出时，震耳欲聋的爆炸声也随之响起……

27.小号与爆炸案

布里奇是一位著名的音乐家。由于一直醉心于心爱的音乐事业，所以他目前依然是单身一人。

一天，布里奇从外面演出回来后，先舒舒服服地洗了个澡，然后来到二楼的房间练习小号。

当布里奇吹起一个尖锐的高音时，室内突然发生了爆炸。邻居们听见震耳欲聋的爆炸声从布里奇家里传了出来，纷纷赶过来查看情况。等他们赶到现场时，发现布里奇浑身是伤，躺在血泊中，似乎已经断气了。经法医鉴定，布里奇属于当场死亡。人们对此议论纷纷：爆炸是怎样发生的？

福二摩斯和柯小南接到报案后迅速赶到现场，随即找了一个邻居问："爆炸发生前有没有听到什么动静？"

那个邻居想了想说："我只记得爆炸前，他在吹小号，正吹到一个尖锐的高音。"

福二摩斯和柯小南走上二楼，仔细地检查了爆炸现场，发现满地都是窗户玻璃碎片。

在这些被炸碎的窗户玻璃片里面，还掺杂着一些更薄的玻璃碎片。可能是乐谱架旁边桌子上的一只玻璃杯被震到地上，然后摔碎的吧。柯小南心想。为

了得到更准确的答案，他把这些碎片小心地收起来，准备拿回去化验。

令人感到奇怪的是，屋子里并没有火源，也没有发现任何定时装置的痕迹。

“真是不可思议，爆炸到底是怎么发生的呢？难道我们忽略掉了一些线索？”柯小南皱着眉头说。忽然，福二摩斯看到柜子下露出一些白色的粉末。他疾步走过去，趴在地上把手伸到柜子底下，用手蘸了一些白色的粉末。然后，他起身对柯小南说：“我们马上带着这些粉末和你收集的玻璃碎片去化验！”

原来，那些白色粉末是碘和氨水的混合物。它们在小号高音的震动中引发了爆炸。

很快，化验结果出来了。经法医确认，那种白色的粉末是碘。而薄玻璃碎片没有特别之处，只是普通的玻璃水杯的碎片。

福二摩斯问柯小南：“你还记不记得有个邻居说，爆炸发生时，布里奇正在吹小号，而且正好吹到一个高音？”

“那么，你是说，现场既然没有火源，有可能是震动引起的？”柯小南试着往下分析。

“嗯。”福二摩斯点了点头。

“你看这些白色粉末。”福二摩斯把手伸到柯小南跟前，“这是我们在现场找到的碘。”

“你是说，问题出在这些碘上？”

“是这样的。当碘和氨水混合之后，会生成一种极易爆炸的物质——六氨合三碘化氮。凶手肯定非常熟悉布里奇，对他的习惯了若指掌。他知道布里奇每天要练习吹小号，所以事先将碘和氨水的混合物放在房间的柜子下。等到它干燥以后，布里奇只要一吹到高音，这些混合物便在声波的震动下，发生了爆炸，从而致布里奇于死地。这种杀人手法真是够隐秘的。”福尔摩斯不禁感叹道。

小侦探大科学 | Xiao Zhen Tan Da Ke Xue

爆炸是一种极为迅速的能量释放过程，瞬间生成的高温高压气体会突然膨胀，从而造成巨大的破坏。爆炸现象可以分为物理爆炸、化学爆炸和核子爆炸三种，其中核子爆炸的破坏力最大。

夜里，正在值班的柯小南昏昏欲睡。突然，一阵急促的电话铃声将他惊醒。谁知，这竟然是犯罪嫌疑人自导自演的一出戏……

28.贼喊捉贼

深夜，在利马公寓管理室里，一个身影正麻利地从保险箱里拿出东西，又迅速地把东西装入一个黑色的袋子里。随后，他扛着鼓鼓的袋子，在门口四下里瞧了瞧，然后，迅速跑到大门外，拦了一辆出租车。车子很快向黑夜的深处驶去……

警局里，到处静悄悄的，只有值班室里发出微弱的光。今天轮到柯小南值班。半夜两点多，柯小南见没有什么状况，就忍不住趴在桌子上睡着了。

突然，电话铃响了，一个男人急促地说："警察局吗？这里是利马公寓，我们这里刚刚发生了一起抢劫案！"

"您稍等，我马上到！"柯小南挂了电话，一把抓起椅子上的外套，准备向外走。同时，他通知其他警员，火速赶往出事地点。

一名男子站在利马公寓门口，不停地走来走去。他嘴里喃喃自语道："不行，不能这样说。嗯……这样！好，就是这样！"顿时，得意的笑容浮现在他的脸上。

很快，柯小南的警车来到了公寓门口。这名男子马上换上了一副焦虑的表情，速度之快让人感到惊讶。他快步迎上去。

柯小南问："刚刚就是您报的案吧？"

保安迎着手电筒的光，竟将劫匪的相貌看得一清二楚，这不得不让柯小南产生了疑问。

手电筒的光从门缝射进黑暗的房间时，人如果通过门缝向外看，反而什么都看不见。

"是的。"男子连忙点头回答。

"请您说说当时的情况。"柯小南一边说，一边查看现场。

男子紧跟在柯小南的旁边，一一说道："我是值夜班的管理员。一个小时前，公寓突然断电，我正要出去查看，一伙人就冲了进来。为了安全，我连忙躲进了储藏室。从储藏室的门缝里，我看到他们撬开保险柜，拿走了里面的五六万现金。"

"咦，你怎么知道里面有多少现金？"

"呃，那天老板放钱进去时告诉我的，他还特意交待我好好看管。这回全丢了，我肯定会被炒鱿鱼的。"说着，他懊恼地用双手抱住头。

柯小南走进储藏室里看了看，问他："你看见他们的长相了吗？"

"他们一共四个人，带头的人蓝眼睛，右脸上还有一道疤痕。"男子说。

"当时不是停电了吗，你怎么看得那么清楚？"柯小南越听越不对劲。

"警官，当时那个领头的拿着一只手电筒。他朝储藏室里照时，手电的灯光从门缝里射进来，我凑着那一点灯光好不容易看到的。"男子连忙解释说。

这时，柯小南关上储藏室的门，用手电筒试了一下，然后打开门对男子大声说："这么晚，你把我叫来，就是来看你这出自导自演的把戏吗？什么蓝眼睛、右脸有疤痕，都是你瞎编的吧！下次说谎时，谎话不要编得这么漏洞百出。抢劫犯就是你！"

"警官，您在说什么？我听不懂啊！"男子听后，表现得很无辜。

柯小南厉声说道："你要是懂得一些知识的话，也不会编出这么没水准的谎言了。手电筒发出的是直射光线，直射光从门缝里射进黑暗的房间时，人如果从门缝里向外看，光线只会直射人的眼睛，人眼反而什么都看不见。你倒好，看得这么清楚！你呀，跟我回警局吧。"

男子见谎言被拆穿，丧气地垂下了头。

小侦探大科学 | Xiao Zhen Tan Da Ke Xue

自然界的光线分为两种：一种叫散射光线，比较均匀、柔和，适合人们看书写字；另一种叫直射光线，比较强烈、耀眼，如果直射入眼睛，就有可能对视网膜造成伤害。手电筒的灯光就是直射光线，所以，为了眼睛的健康，不要用手电筒照射自己的眼睛。

汽车大亨死后，出现了两份截然不同的遗嘱。究竟哪一份才是真的，柯小南能找出来吗……

29.真假遗书之谜

汽车大亨雷那德先生病重住院了，他唯一担心的就是自己的儿子海格。海格心地善良，容易相信别人。好在大学时期，他和柯小南是同学，柯小南帮了他不少忙。雷那德非常欣赏柯小南的才能，曾多次提出请他来公司帮助海格，可都被柯小南婉言谢绝了。如果让柯小南放弃他钟爱的侦探事业，那是绝对不可能的。

这天，柯小南来医院看望雷那德。两人寒暄了几句后，雷那德忧心忡忡地对柯小南说："海格太善良了，容易受人蒙骗、利用……如果他出了什么事情，你一定要帮助他渡过难关。"

柯小南感到非常纳闷："雷那德先生，您想说什么？如果您信得过我，请直说吧！"

雷那德摇了摇头，看着柯小南说："海格的叔叔，也就是我的弟弟罗杰，是一个贪婪的人，一直觊觎我的财产，我怕……"

柯小南一听，便大概明白了雷那德的意思，于是安慰道："您放心吧！我是海格的好朋友，我会照顾他的。如果他真的出了事情，我不会袖手旁观的。"

两个星期后，柯小南接到海格的电

听了海格的描述，柯小南似乎明白了什么，便笑了起来。

话。说他爸爸昨晚去世了。

柯小南听后，先简单安慰了海格几句，随后挂断电话，跟福二摩斯打了声招呼，就直奔海格家。

海格一夜未眠，看起来非常憔悴。他把柯小南迎进门后，就坐在沙发上感伤起来。

海格说："我爸爸把所有的遗产都留给了我，却没有给叔叔留下任何东西，真是奇怪。"

可就在雷那德先生的葬礼刚刚结束的第二天，罗杰竟然拿着另一份遗嘱来到雷那德家里。他找来海格和家族里有名望的人，然后宣布，自己手里的这份雷那德亲笔签名的遗嘱，上面写着罗杰是遗产的唯一继承人。

这个宣告引起了在场人士的一片惊呼。接着，人们开始窃窃私语。

海格无论如何也不肯相信罗杰手里的遗嘱是真的。于是，他拿过来，仔细看了一遍，发现遗嘱的签署日期比自己手里的那份晚了一天，这在法律上的效力更大。

海格没有办法，便立刻打电话给柯小南。柯小南一进门就看见海格在客厅里着急得转来转去。

听完事情的经过后，柯小南便问："你检查签名了吗？没有破绽吗？"

海格摇摇头说："没用的，叔叔从小就会模仿父亲的笔迹。"

11月只有30天，并没有31日。由此看来，罗杰手里的遗嘱是假的。

柯小南挠挠耳朵，又问："签署日期是哪一天呢？也许我们可以找出他不在场的证据。"

海格想了想说："我的那份是11月30日签署的，叔叔的那一份比我的晚一天，应该是11月31日签署的。那天……没有什么特殊的事情……"

柯小南一听，不禁哈哈大笑起来，拍着海格的肩膀说："放心吧，遗产是你的，他一分钱也拿不走！我问你，11月有几天呀？"

海格想了想，说："30啊！哦……"

众所周知，11月是小月，只有30天，而并没有31天。罗杰手里的遗嘱签署日期是11月31日，可见是伪造的，不具有任何法律效力，所以罗杰当然拿不走一分钱了。

小侦探大科学 | Xiao Zhen Tan Da Ke Xue

法律上所说的遗嘱，指的是一个人生前对自己的财产进行分配和安排的文件或者行为。这种安排要在立遗嘱的人死后才能发生效力。遗嘱主要有公证遗嘱、自书遗嘱、代书遗嘱、录音遗嘱和口头遗嘱五种。其中，公证遗嘱效力最大。如果死者生前立有好几份遗嘱，而这些遗嘱的内容又相互抵触的话，那么就以最后签署的遗嘱为准。

在一次烧烤晚会上，积怨很深的科尼和海尔道化干戈为玉帛，在场的人为此大肆庆祝。然而，深夜里，科尼却突然身亡……

30.致命的烧烤大餐

尼欧姆电器公司为了庆祝公司的业绩再创高峰，决定组织全体工作人员去野外郊游，并举行烧烤晚会。公司这么做，一来是对大家的犒赏，感谢员工对公司的发展付出的努力；二来为增进大家的感情，使大家同心协力为公司更好地发展而奋斗。烧烤的时间定在周末的晚上。

这是一个迷人的仲夏之夜。尼欧姆电器公司的全体员工聚集在郊外的湖边，令人愉快的烧烤晚会即将开始了。

大家高兴地忙碌着，有的从车子上取下工具，有的拿出事先准备好的食物、饮料。

然而，开发部的海尔道却手里拎着一个小布袋朝后面的树林里走去。他来到一片草地上，打开布袋，只见从小布袋里爬出一只小兔子。

兔子在草地上贪婪地吃着草。等到兔子吃饱了，海尔道才把兔子塞进小布袋。

同事们都知道，开发部的科尼和海尔道两人平时积怨很深，已经很久没有说过话了。趁这个机会，大家很想帮助他们两人缓解一下矛盾。

晚会开始后不久，大家想让科尼和海尔道多交流交流。可是，他们找来找去也没有找到海尔道。

过了一会儿，海尔道却突然拎着一只小兔子从树丛里走出来。他径直走到科尼面前，真诚地说："以前都是我不好，咱们和好吧！过去的就过去了，以后咱们好好共

经过对整个案件的分析，兔子成了最大的疑点。

海尔道在兔子很小的时候就开始给它喂食含有少量毒素的蔬菜。

事。这只兔子是我刚才在树林里抓到的，送给你，就当是我对以前过错的补偿。”

科尼看着海尔道如此真诚地道歉，激动得站起来拥抱海尔道，说：“好！我也为我以前的过错向你道歉。”

同事们看着他们终于和解了，立即鼓起热烈的掌声。此刻，整个晚会的气氛达到了最高潮。

随后，海尔道把兔子剥洗干净，放在火上烤起来。其他的同事都觉得这种做法太残忍了，所以没有人肯吃。科尼因为能和海尔道和解而感到非常兴奋，便一个人把兔子都吃了。

接着，大家载歌载舞，痛痛快快地热闹了一番。烧烤大餐结束后，大家纷纷回到自己的帐篷里休息。

到了深夜，科尼突然觉得肚子剧痛，不停地呻吟起来。住在同一个帐篷里的同事看到他这副样子，以为他是吃坏了肚子，连忙出门找其他同事帮忙。可是，等他们回来时，发现科尼已经死了。于是，他们连忙报了警。

两天后，负责此案的警官福二摩斯和柯小南接到法医的检验报告，证实科尼是中毒身亡的。

科尼的同事都不相信，因为大家吃的、喝的东西都是一样的，科尼只比他们多吃了一只兔子。可是，兔子拿来的时候是活的，说明海尔道并没有在兔子身上下毒啊！

福二摩斯摸了摸下巴说道：“不对！毒就在兔子身上，海尔道就是凶手！”

最后，在事实面前，海尔道终于认罪了。其实，兔子是海尔道养的，他为了不露痕迹地除去科尼，在兔子很小的时候就开始给它喂食含有少量毒素的蔬菜，兔子不会被毒死，不过毒素却在兔子体内积聚下来。科尼吃了有毒的兔子，就中毒身亡了。

看来，这是一场蓄谋已久的谋杀案，无辜的兔子倒成了杀人的工具。

小侦探大科学 | Xiao Zhen Tan Da Ke Xue

兔子属于食草性动物，它生性胆小，习惯清晨与傍晚进食。成年的兔子对毒素的免疫力比人类还要强，所以，兔子吃了有毒的食物后，身体不会受到影响，不过体内却会积累致命的毒素。此外，兔子有咀嚼、挖掘的习性，所以养兔子的人必须提供磨牙物品给兔子，同时注意别让兔子去啃电线、咬家具！

某国国家安全局某处截获了一份电文，这份只有寥寥数字的神秘电文到底暗藏着什么玄机……

31.智译神秘电文

最近，某国国内和国外的军火走私团伙非常猖獗。为了打击犯罪团伙的嚣张气焰，某国决定加大力度进行这方面的工作，以保证国家的安全和社会的稳定。

但随着科技的不断进步，犯罪集团的犯罪手法越来越高超，传递暗号的功夫也越来越深。

为了破译犯罪集团之间的暗语，安全局的工作人员也是煞费苦心！经过不懈的努力，犯罪团伙最近打算进行的几起交易的信息，都被安全局及时地截获并破译了。

这两天，安全局某处又拦截了一份电文。经过周密地分析，调查人员认定这是国内和国外军火走私团伙进行大型军火交易的电文。也许犯罪团伙加强了警惕，调查人员只能从电文中破译出交易的地点，并没有破译出时间。他们想尽了各种办法，还是查不出买家和卖家进行交易的具体时间，也再没有截获新的电文。

无奈之下，安全局只好求助于警方。警方接到消息后，表示一定会全力支持。经过研究讨论，警局决定把这项艰巨的任务交给名侦探福二摩斯和柯小南。

福二摩斯接到电文看了看，说道："这个不是我的强项，还是找柯小南来吧！别看他平时糊涂，在解密密码和暗

柯小南突然眼前一亮，他终于明白电文隐藏着的内容了。

语这方面可精通得很。而且，他喜欢研习汉语，对于这份用汉语写成的电文，想必他会给大家一个满意的答复。”

于是，安全局的工作人员立刻来到柯小南家里，请他协助破译电文。

正在家里研习《论语》的柯小南得知消息，立即放下手边的工作。他拿过电文，看到上面只有寥寥几个字：朝，三号码头，不见不散。”

聪明的柯小南发现，交易的时间就隐藏在电文的第一个字“朝”里。

柯小南一时也难以破译其中的秘密信息。他拿着电文在屋子里来回踱着步，嘴里还不时地念叨着电文中的那几个字。

在场人员的眼睛都跟着柯小南的身影转来转去，每一个人都感到非常紧张。

安静的房间里，他们听见柯小南喃喃自语道：“‘朝’，可以理解为一个人的名字，这样，这份电文就成了一份普通的留言条。但是，‘朝’拆开来看，是由一个十，一个日，又一个十和一个月组成，那么……”

当大家都在专心地听着这些分析时，柯小南忽然人叫一声：“我知道了！时间就在电文里。”

在场的人一惊，眼睛全都盯着柯小南。

柯小南用右手打了个响指，然后兴奋地说道：“电文中的‘朝’字并不是一个人的名字，而是暗示交易的日期。如果把“朝”字拆开，就变成了‘十月十日’。而在中国的语言文化里，这个字又有‘早晨’的意思。所以，诸位，他们交易的时间应该是在十月十日的早晨。”

安全局的同事们听后，觉得非常有理。他们来不及和柯小南道谢，便冲出门外。因为他们离开柯小南家时，时间离十月十日的早晨只剩下几个小时了。

柯小南看着冲出门的同事，呆呆地说：“啊，就这样走了，也不谢谢我。这次我还真是功不可没啊！不过，这都要得益于汉语的博大精深啊！”

小侦探大科学 | Xiao Zhen Tan Da Ke Xue

柯小南在破译电文时采用了拆字法，也称字形分析法，就是根据汉字的字形结构特点和人们的认识规律，把一个字拆开，分解成几个独体字，然后表达一个完整的意思。这是利用暗语来传递秘密情报的常用方法之一。在中国，字形分析法和会意法是灯谜猜制的两大法门。

警方沿着逃犯留下的踪迹来到一个悬崖边，却没有发现逃犯的踪影。不过，悬崖边上倒是留下了一排奇怪的脚印……

32.足迹中的秘密

天公不作美，突然下起了大雨。路上的行人行色匆匆，手里都举着一把伞。一辆银行运钞车正在路上行驶，照例要经过一个路口。

当运钞车行驶到路口转弯处时，两辆轿车突然从前后包抄过来。运钞车司机见状，被迫紧急刹车。

结果，七八个蒙面的匪徒从这两辆轿车上跳下来，开始对运钞车的司机和保安进行射击。

车里的保安一边抵抗突来的袭击，一边打电话请求支援。路口顿时陷入一场枪林弹雨之中，路上的行人吓得纷纷远离现场。

很快，运钞车司机中弹身亡。因寡不敌众，火力也没有对方猛烈，几名保安也身负重伤，力不能支。

最后，匪徒将运钞车里的钱洗劫一空，交给了一高一矮两个头目。接着，一帮匪徒开着车朝一边开去，两个头目带着钱开着车朝另一方向驶去。

警方接到报案后，立即派人前往现场。得知赃款在两个头目手中后，警方便派福二摩斯和柯小南全力缉捕逃犯。

他们一直追到一座山前，发现了

福二摩斯发现脚印很奇怪，连忙叫来柯小南。

为了转移警察的视线，劫匪们精心设计了一场自杀假象。

两个匪徒的车。看来匪徒已经发现被警察追踪，所以舍弃车子，徒步逃跑了。

由于刚刚下了一场雨，地面很湿，福二摩斯和柯小南在上山的路上发现了两个很清晰的脚印。脚印很新，是刚刚留下的。他们相互使了个眼色，追踪着脚印往山上走。可是，劫匪的脚印到了悬崖边就突然消失了，崖边的树枝上还挂着一片布条。柯小南走过去拿着布条观察了一下，分析道：“布条的撕口是新的，难道他们俩跳崖自杀了？”

“但是，这不太可能啊！像他们这些为了钱不惜一切代价的匪徒，在劫了钱后，肯定会大肆挥霍一番，不可能就这样自杀了。再看看周围情况吧。”柯小南想了想，又接着说。

于是，柯小南在附近展开了搜寻，可并没有发现逃犯的踪迹。难道，逃犯插着翅膀飞走了？柯小南一时想不出答案。

“过来看看，这些脚印很奇怪。”福二摩斯伸手拍了拍柯小南的肩膀说。

柯小南低头仔细看了看地上留下的一排脚印，分析道：“从这些脚印来看，大脚印踩在小脚印上，应该是小个子走在前，大个子走在后。但是，从步距上看，大个子的步距竟然比小个子的还短，这真是奇怪。”

“所以，这样说来，这种自杀的场面是他们故意设计出来迷惑我们的。你立刻叫同事们封锁山上所有的通道，并对整座山进行搜索，特别是悬崖附近。”福二摩斯说。

果然，警方通过地毯式搜查，终于在山上一个隐秘的山洞里找到了那两名逃犯。据逃犯交待：为了制造出跳崖的假象，矮个子拿着高个子的鞋走到崖边，换上高个子的鞋，倒退着回来，由于走路不方便，就造成了大脚印比小脚印步距小的情况。

小侦探大科学 | Xiao Zhen Tan Da Ke Xue

人的足迹承载了许多信息，根据足迹，警方既可以推断鞋子的种类，又可以分析留下足迹者的性别、年龄、身高、体态、行走姿势甚至职业，等等。所以，对于侦探来说，足迹是非常重要的破案线索。

Part 3

第三章

小游戏中的大学问

Great Knowledge out of Small Games

游戏也是一门学问，生活中的许多小游戏都能帮助我们学到许多科学知识。这些游戏操作简单，只要按着一定的步骤操作就能轻松完成。我们在做这些游戏的同时，都会禁不住要问许多问题，光线为什么能像水一样流淌，水怎么打结了，马路上为什么会有海市蜃楼，冷水是怎样“沸腾”起来的，爆米花是怎么学会“跳高”的，死灰为什么能复燃，等等。不要着急，游戏过后，这些问题都会得到解答的。

变色行动

把蓝色和绿色的糖球放在桌面上，我们很容易把它们辨别出来。但如果把它们放在纸盒里，我们还能分辨出来吗?

游戏人数

1人以上

游戏时间

2分钟以上

游戏准备

红色、蓝色、绿色糖球各1个，1个大纸盒，8张红色玻璃纸

小游戏中的大学问

当白光投射到红色过滤膜上时，过滤膜反射了光谱中的一部分红色光，而吸收了其他光。当你透过过滤膜观察时，看到的就是红光。当另一部分红光投射在红色的糖球上时，大部分光被反射出来，看起来就像是白色的。而当红光投射到蓝色和绿色的糖球上时，几乎没有光被反射出来，所以糖球看起来都是黑色的。

游戏DIY

1 取下纸盒的盖子，将红色、绿色和蓝色的糖球放入纸盒。

2 用8张红色玻璃纸叠在一起构成过滤膜，盖在纸盒上。

3 透过红色玻璃纸观察纸盒中的糖球，你会发现一个糖球变成了白色，另外两个糖球变成了黑色。

流淌的光

如果说，光线能像水一样倒出来。你是不是会不相信？那么，请你玩一玩这个游戏，亲眼验证一下。

游戏人数

2人以上

游戏时间

10分钟以上

游戏准备

1个矿泉水瓶，1只手电筒，1把锤子，几根钉子，1个脸盆，几张报纸，1块橡皮泥

小游戏中的大学问

通常情况下，光线是沿着直线传播的，但是也有例外情况。这个游戏将光和水混合在一起，光就会被水流不定向地反射。所以，光线就不再沿直线传播了，而是随着水流做不定向的曲线运动。

游戏DIY

1 用钉子在矿泉水瓶的瓶盖上钉一个大洞，在瓶底钉出一个小洞。用橡皮泥把两个小洞暂时封住，然后向瓶中灌水至3/4处，盖好瓶盖。

2 打开手电筒，放在矿泉水瓶的底部，使光线可以透射进瓶子。

3 与朋友一起用报纸把矿泉水瓶与手电筒卷好，然后进入黑屋子，去掉橡皮泥，倾斜瓶子，将水倒进事先准备好的脸盆中。这时，你会发现光线和水一起从瓶口流淌而出。

变脸

纸杯可以变魔术，能够让你的脸一半变黑一半变白哦！

游戏人数

1人以上

游戏时间

5分钟以上

游戏准备

白纸、黑纸各1张，1只手电筒，1面镜子

游戏DIY

1 带着游戏装备来到一个房间，关上电灯，或者拉上窗帘，使房间变成暗房。

2 坐到镜子前面，打开手电筒，并把手电筒放在脸的左边，让光线照在你的鼻子上。

3 把黑纸放在脸的右边，正对着手电筒的光，你会从镜子中看到自己的右半边脸几乎一片漆黑。

4 放下黑纸，把白纸放在脸的右边，你会从镜子中看到自己的右半边脸被照亮了。

小游戏中的大学问

当手电筒的光照在黑纸上时，黑纸几乎不反射光，它会把大部分光都吸收了，所以你的右半边脸几乎一片漆黑；当手电筒的光照在白纸上时，白纸把光重新反射到你的脸上，所以你的右半边脸被照亮了。

铝箔镜子

铝箔的表面比较平滑，可以用作镜子，能够照出你的头像。但是，如果把铝箔揉皱了，它还能当镜子用吗？

游戏人数

1人以上

游戏时间

5分钟以上

游戏准备

1把剪刀，1张铝箔

游戏DIY

1 拿起铝箔，你会发现它的正面闪闪发光，像镜子一样明亮。

2 用铝箔的正面照一照脸，你会发现铝箔表面很清晰地照出了你的头像。

3 把铝箔揉成一团，然后慢慢展开，抹平。此时，再用铝箔照照自己的脸，你会发现头像不见了。

小游戏中的大学问

当光线照射到一个光滑平面上时，就会被光滑平面以同样的角度反射回来。没有揉皱的铝箔就像一个光滑平整的平面，头部投射到铝箔上的光线会原路返回，所以你在铝箔上看到了自己的头像。但是揉皱的铝箔表面会把光线向不同的方向反射出去，所以你就不能从它上面看到完整的镜像了。

图书在版编目（CIP）数据

小故事中的大道理全集．智商卷／龚勋主编．—汕头：汕头大学出版社，2012.1（2021.6重印）
ISBN 978-7-5658-0555-4

Ⅰ．①小… Ⅱ．①龚… Ⅲ．①故事–作品集–世界 Ⅳ．①I14

中国版本图书馆CIP数据核字（2012）第008861号

小故事中的大道理全集（智商卷）

XIAO GUSHI ZHONG DE DA DAOLI QUANJI ZHISHANG JUAN

总策划 邢 涛
主　编 龚 勋
责任编辑 胡开祥
责任技编 黄东生
出版发行 汕头大学出版社
广东省汕头市大学路243号
汕头大学校园内
邮政编码 515063
电　话 0754-82904613

印　刷 唐山楠萍印务有限公司
开　本 705mm×960mm 1/16
印　张 10
字　数 150千字
版　次 2012年1月第1版
印　次 2021年6月第7次印刷
定　价 34.00元
书　号 ISBN 978-7-5658-0555-4